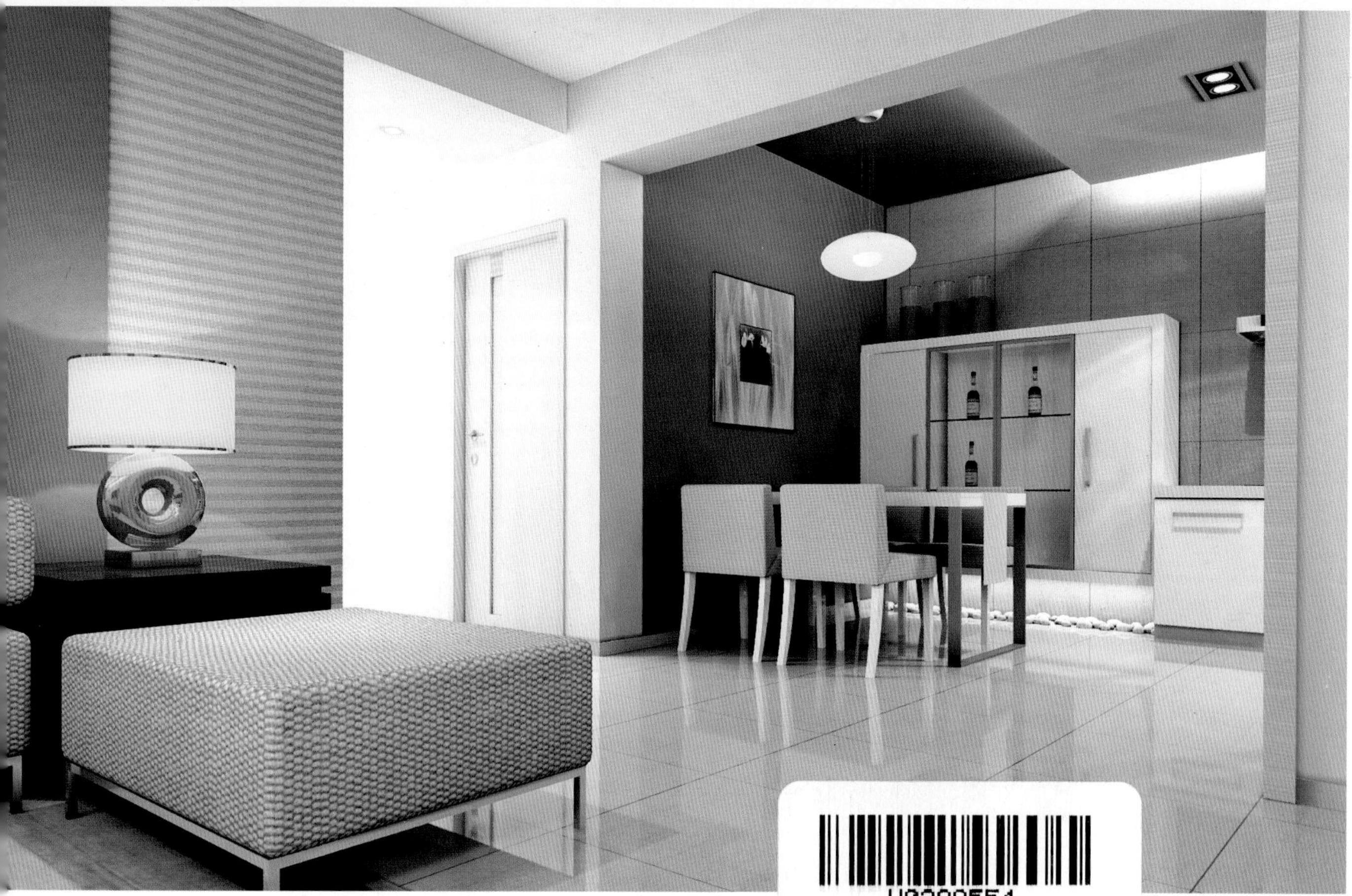

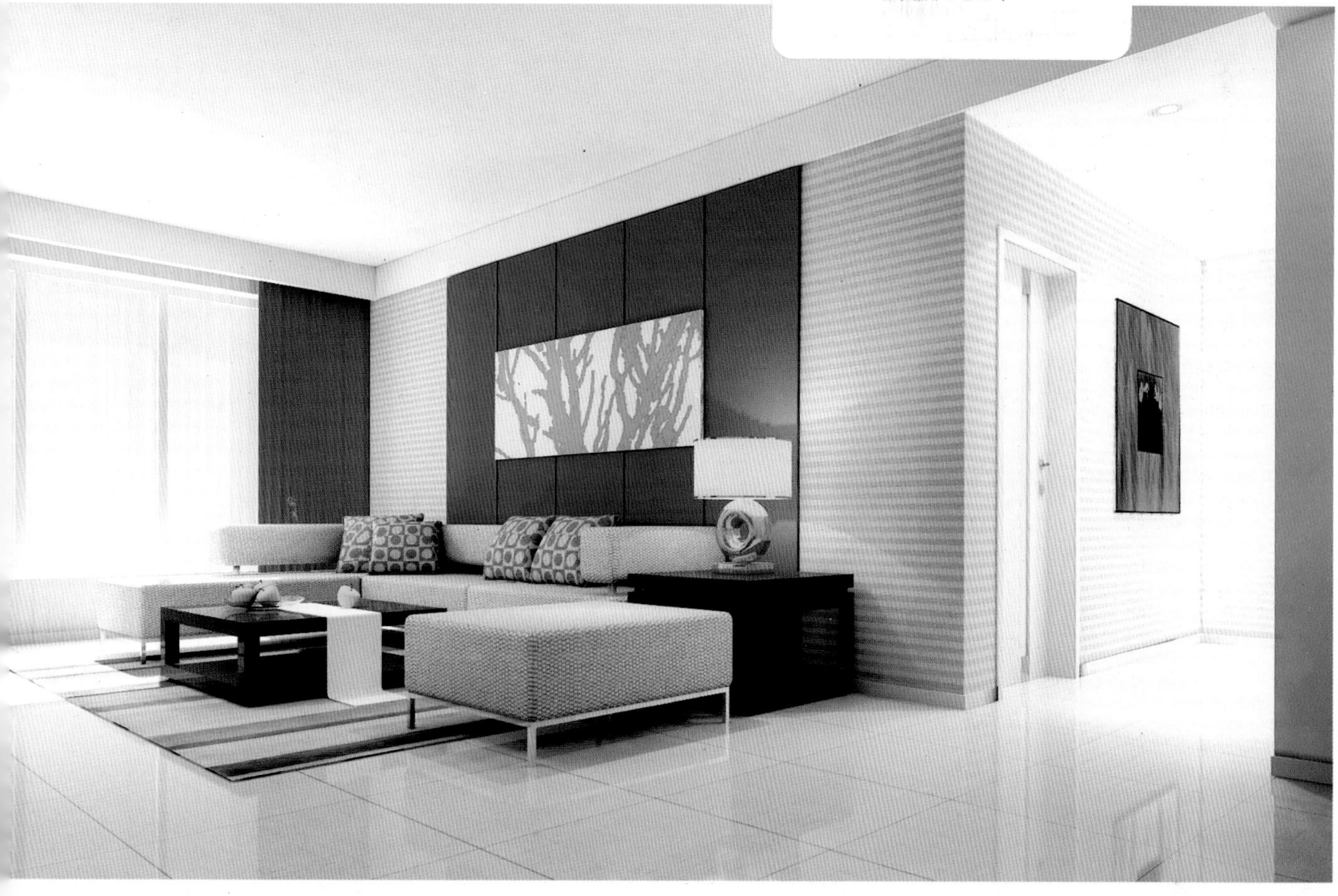

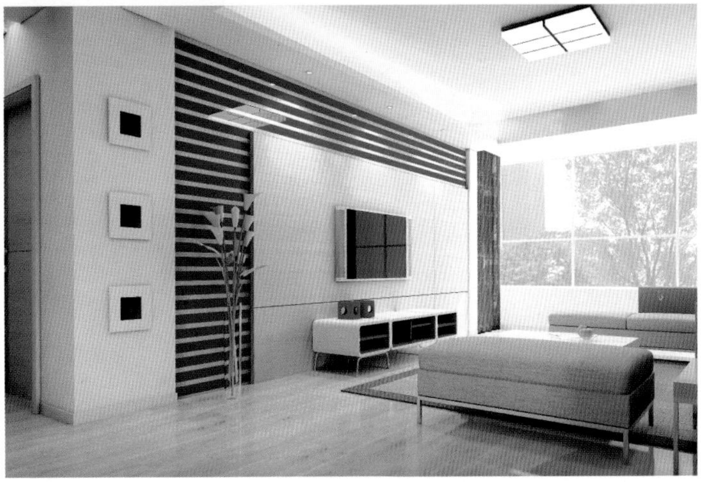

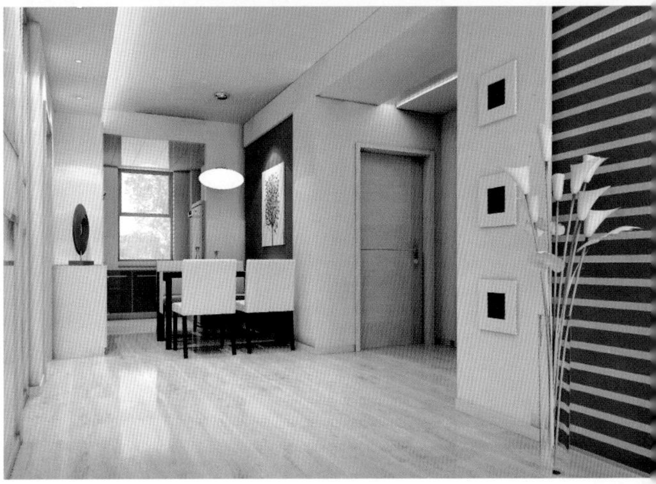

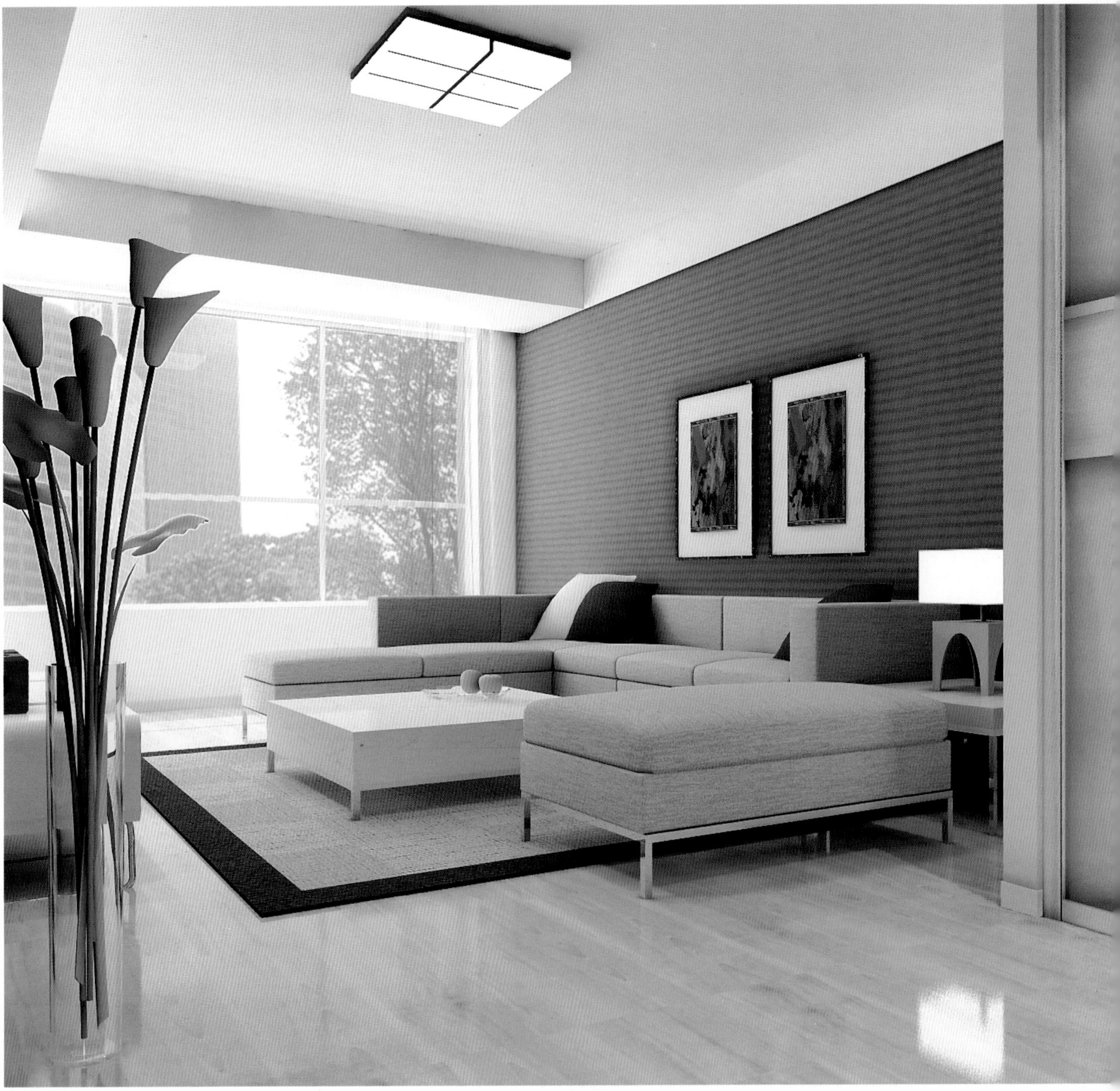

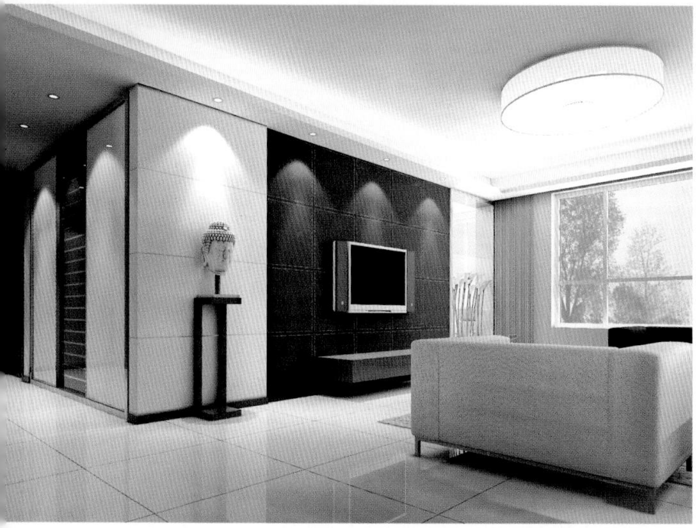

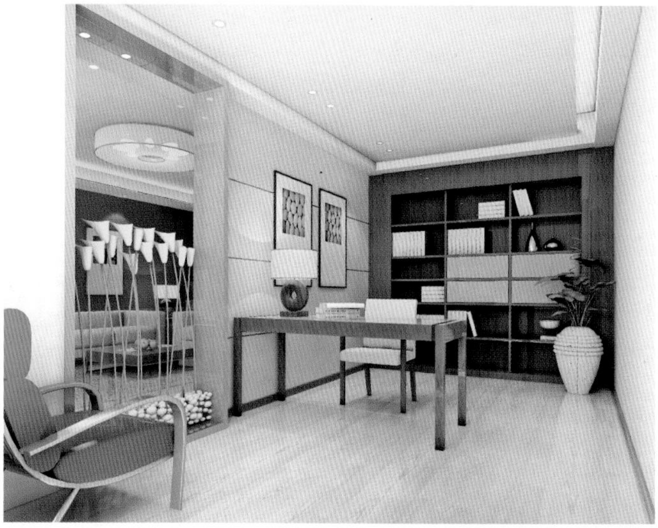

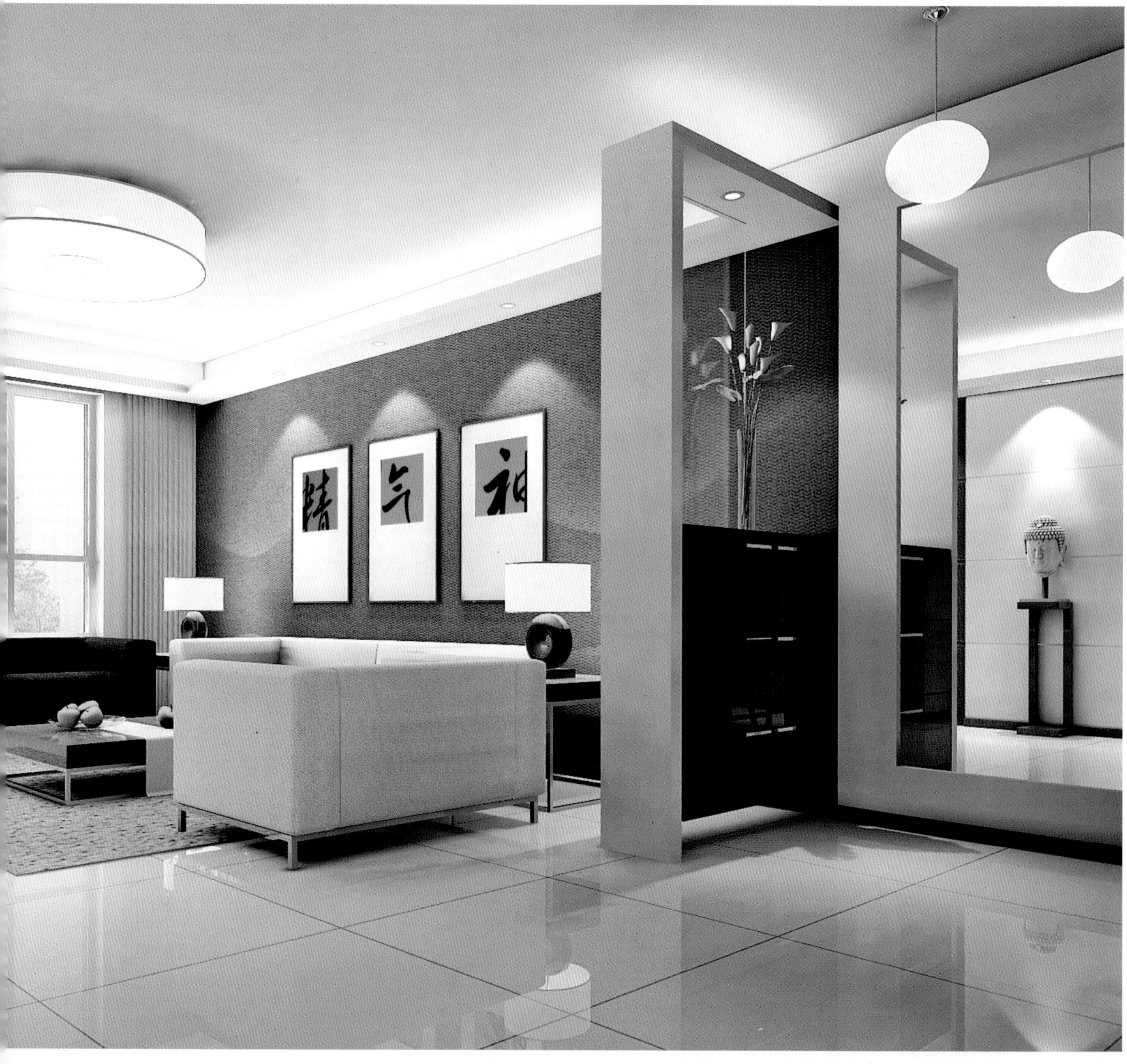

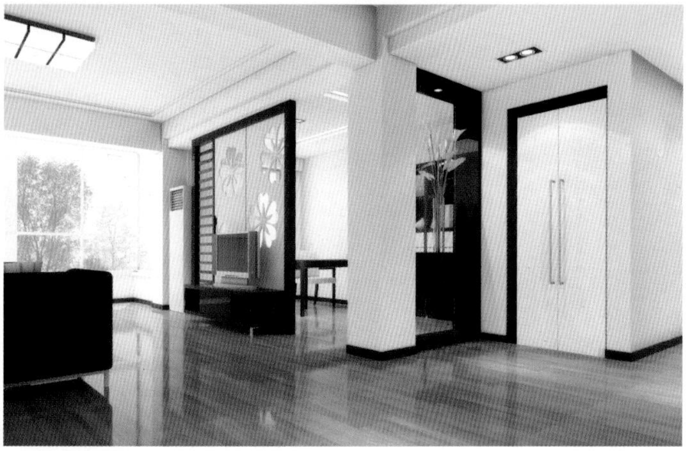
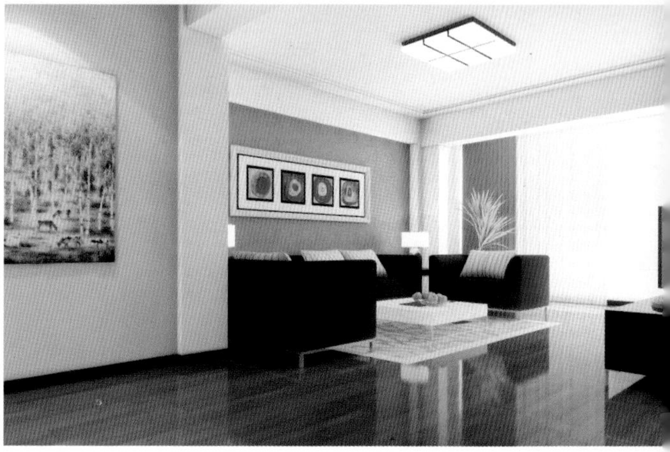
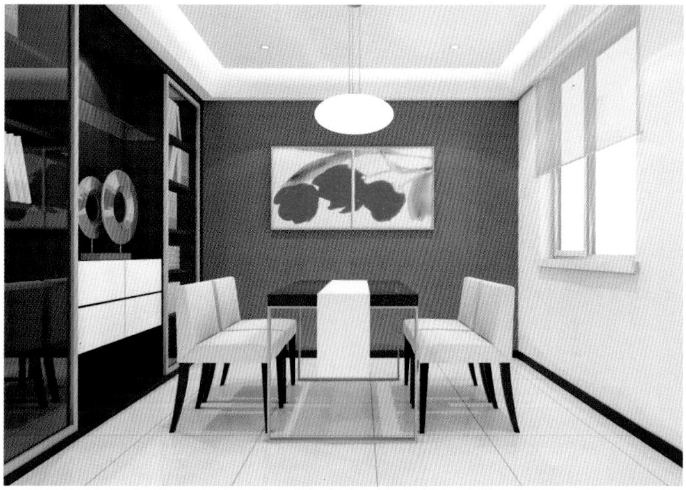
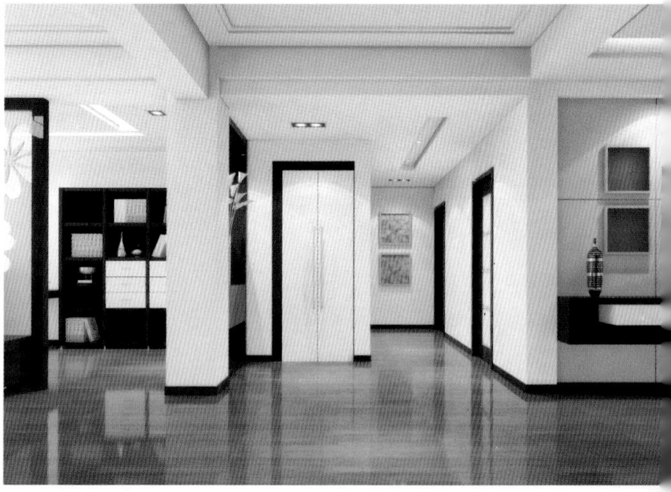
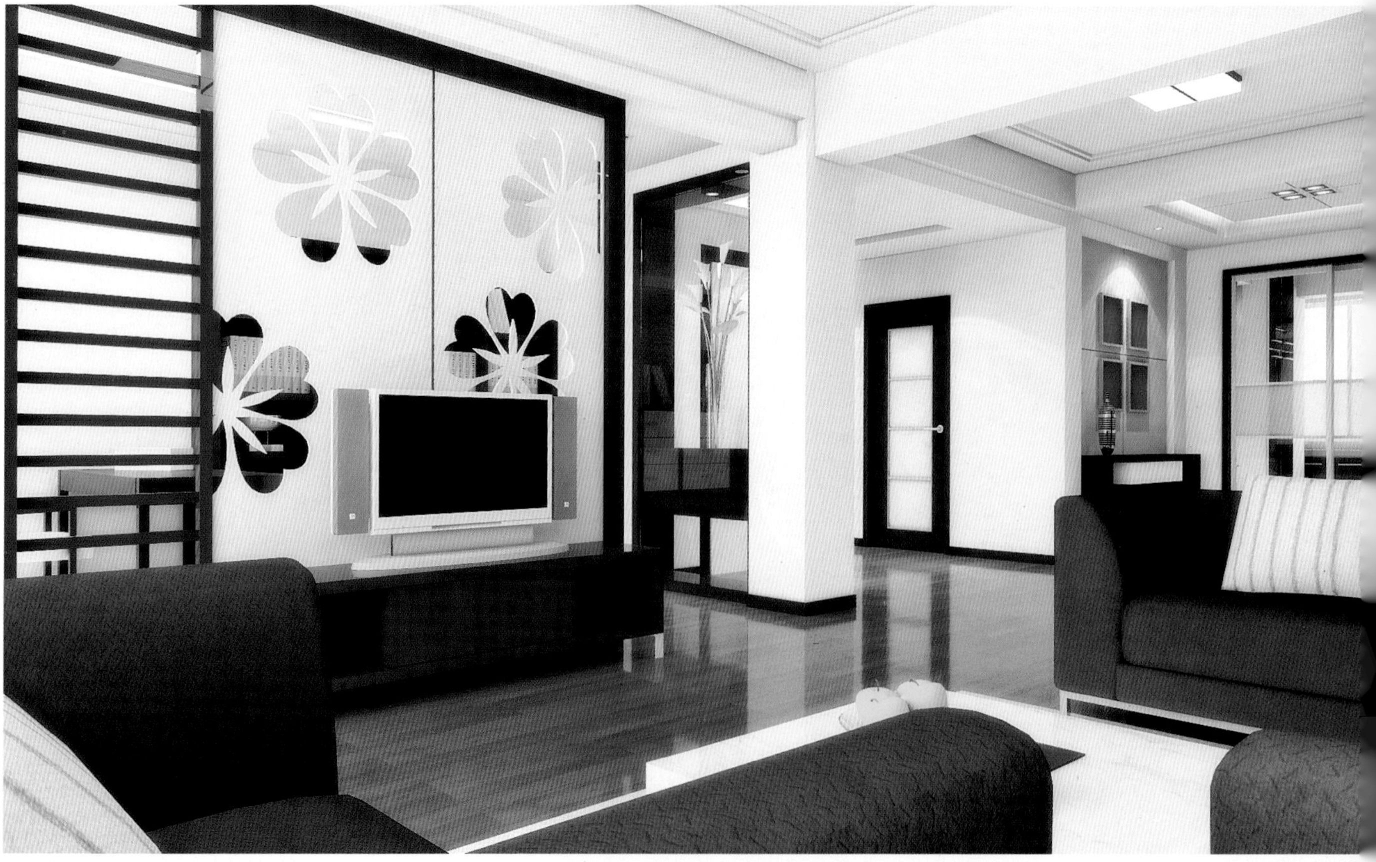

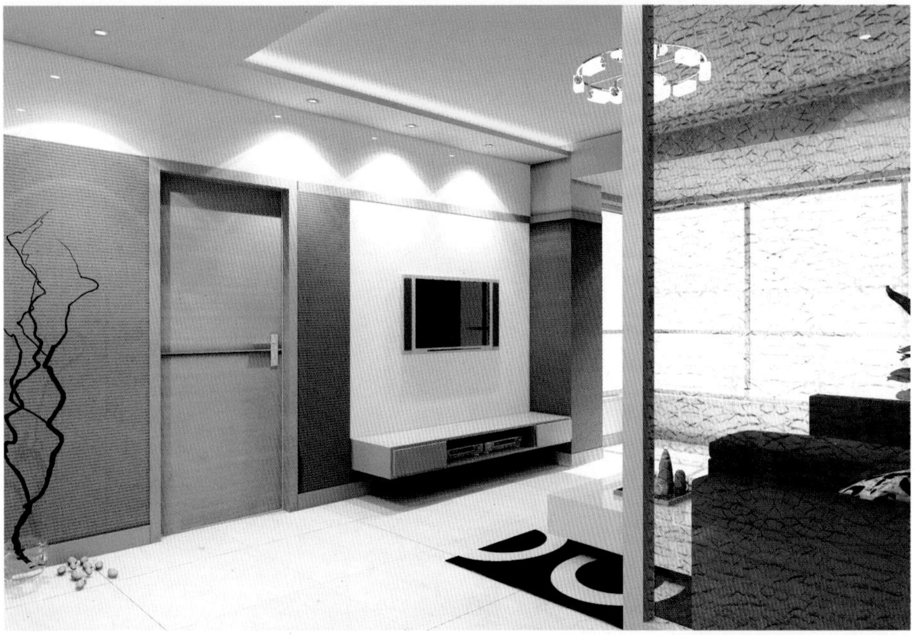

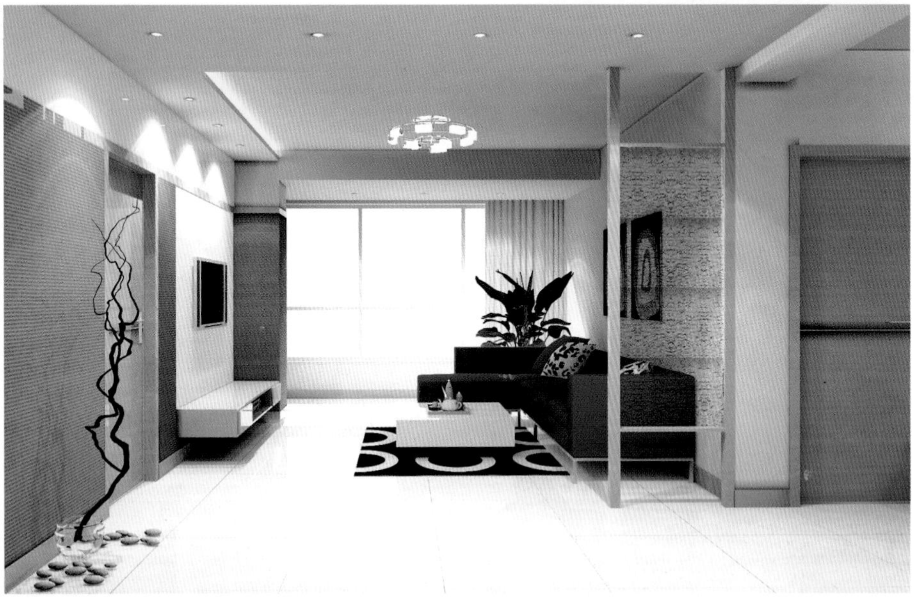

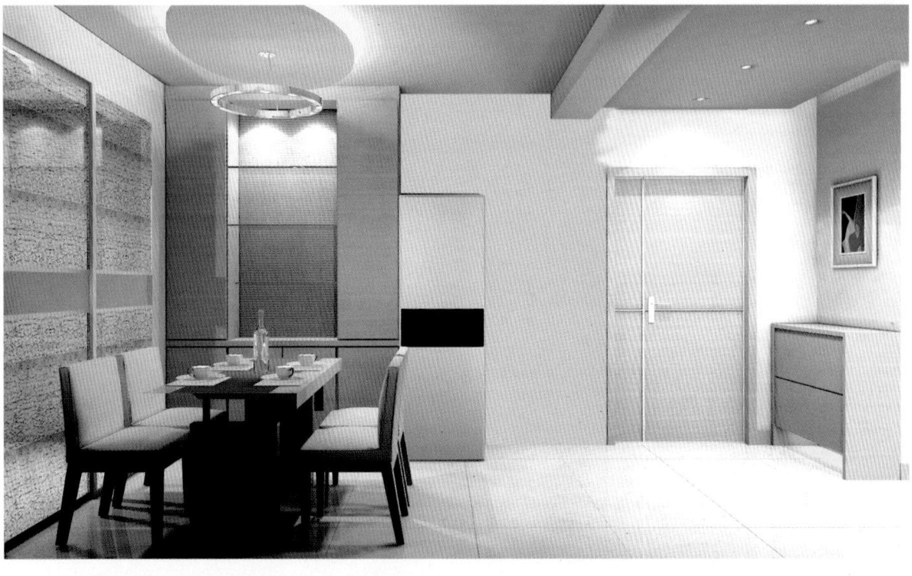

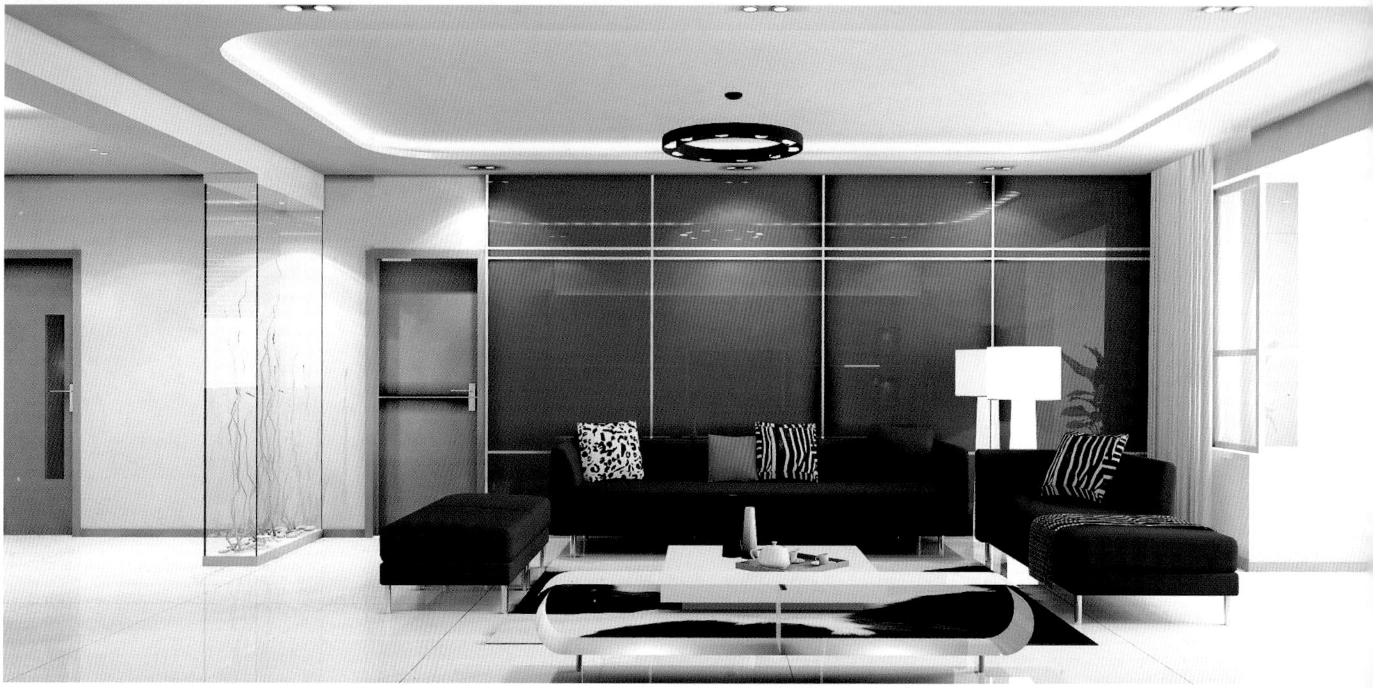

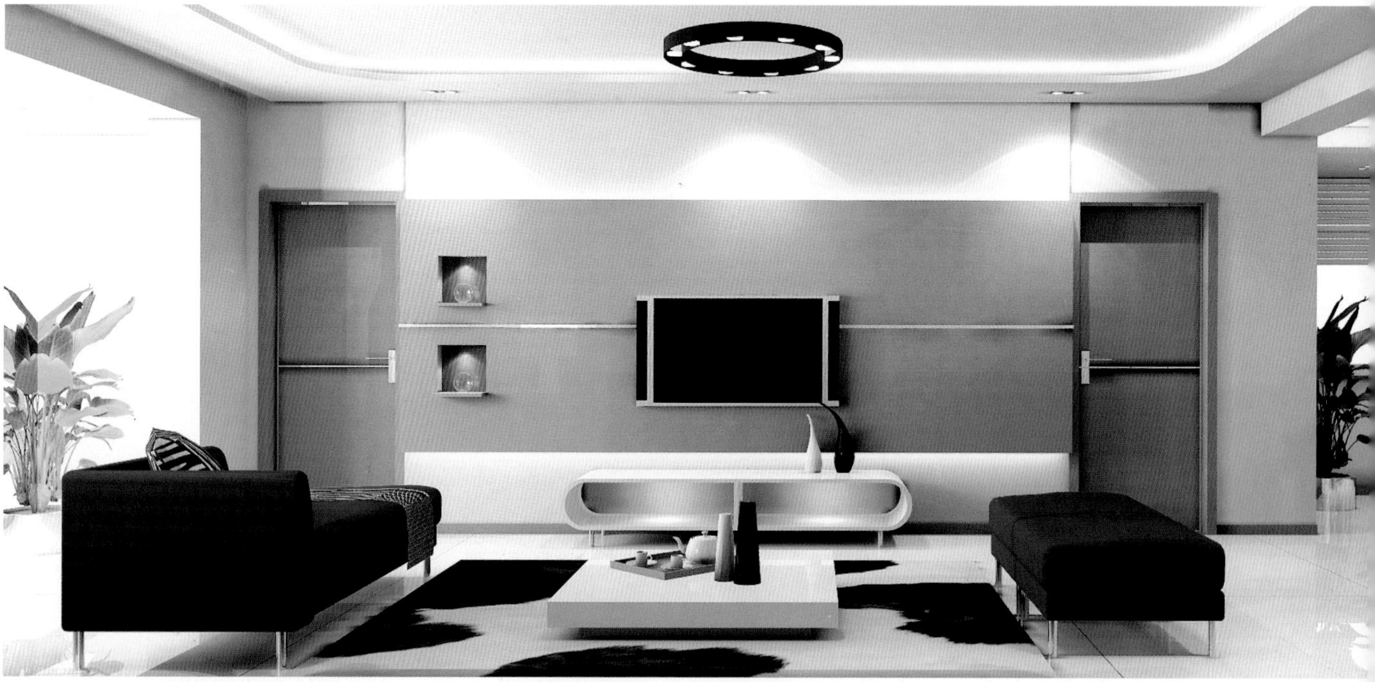

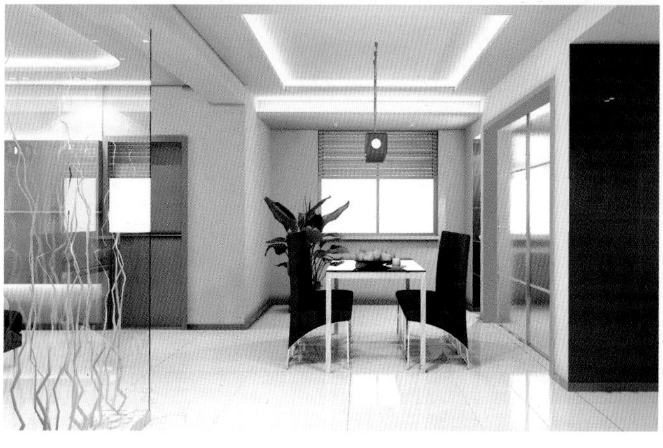

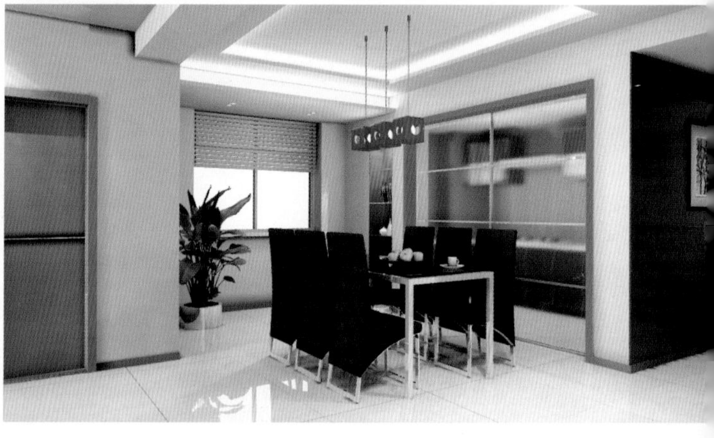

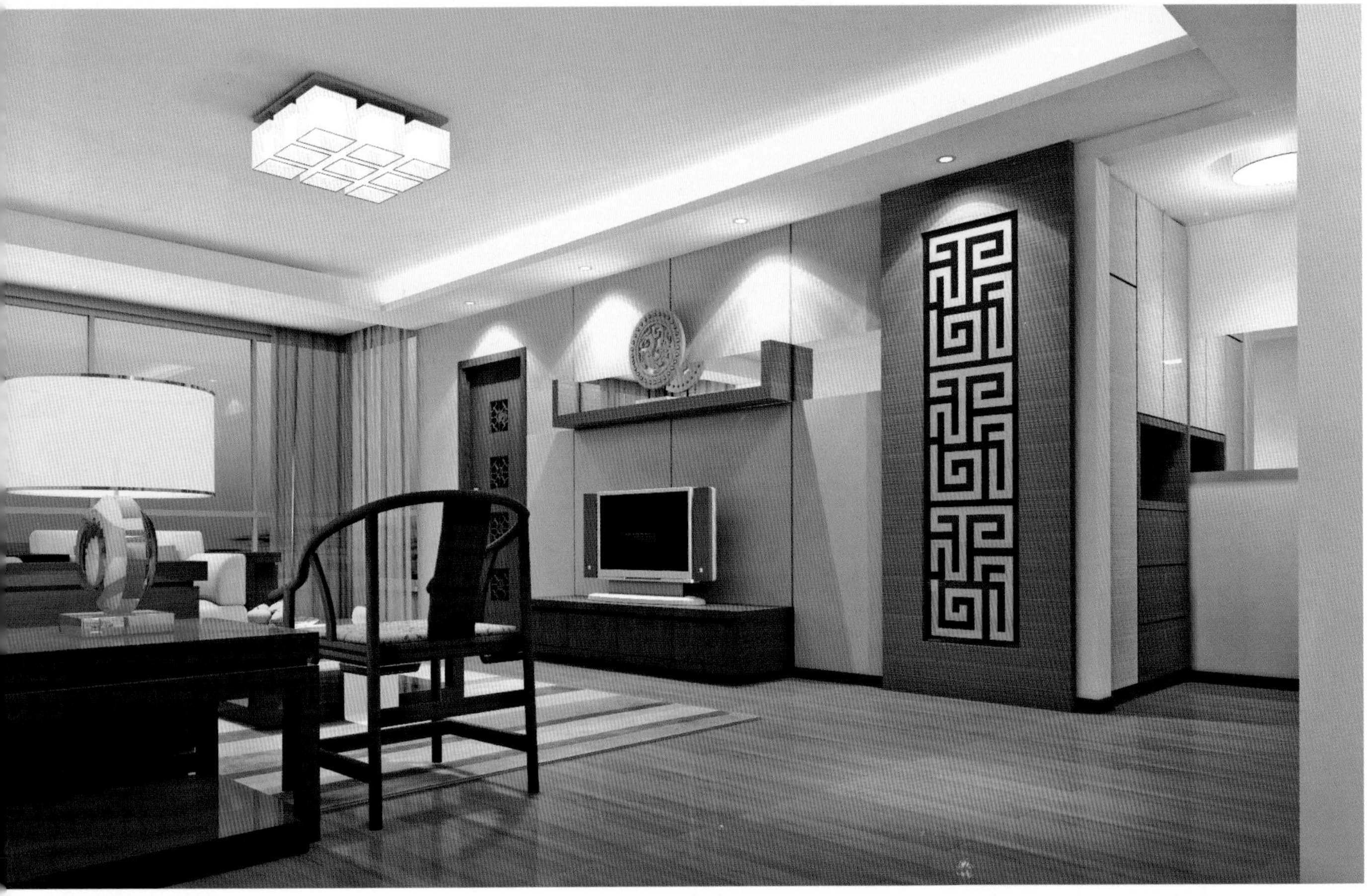

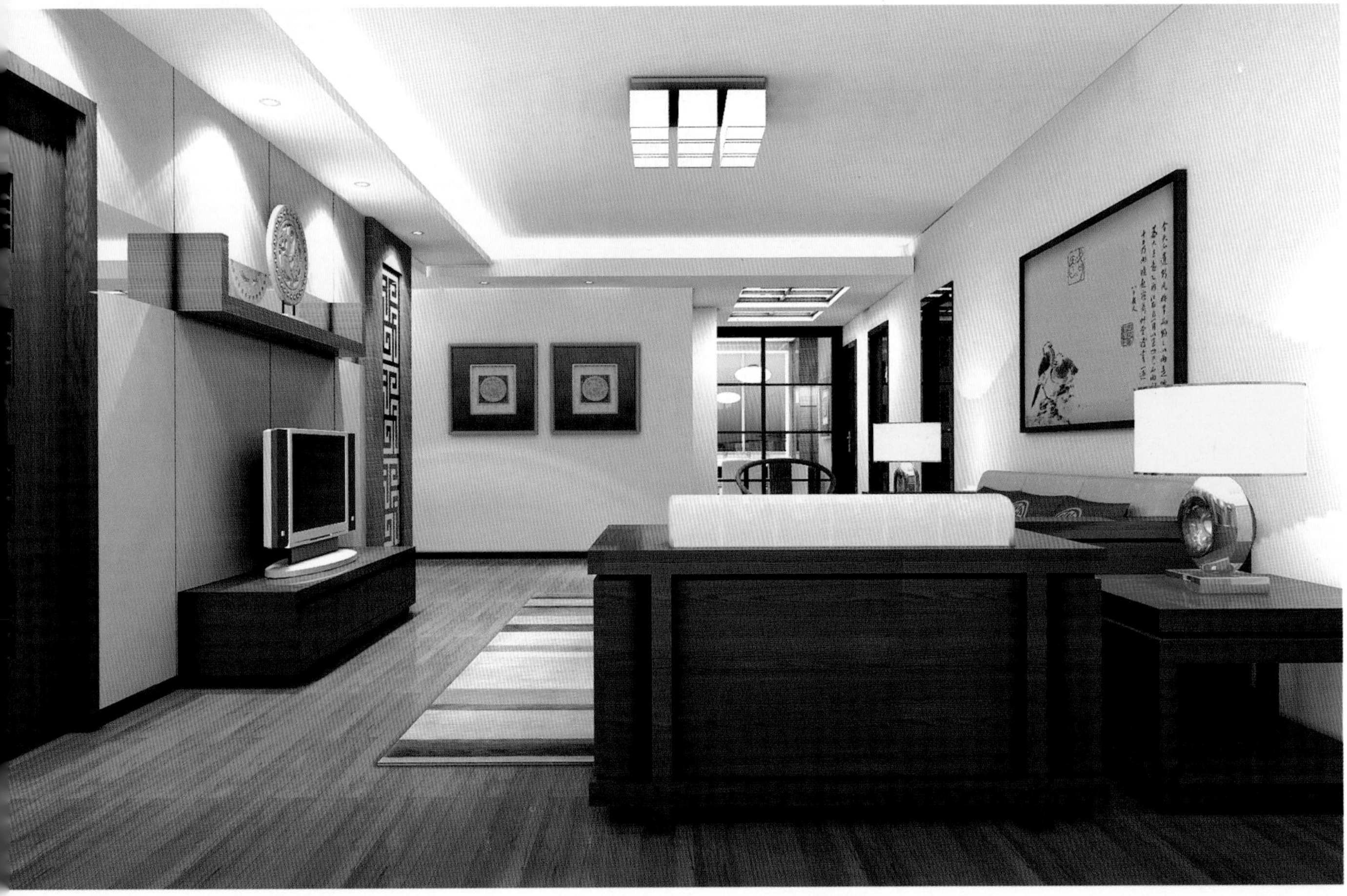

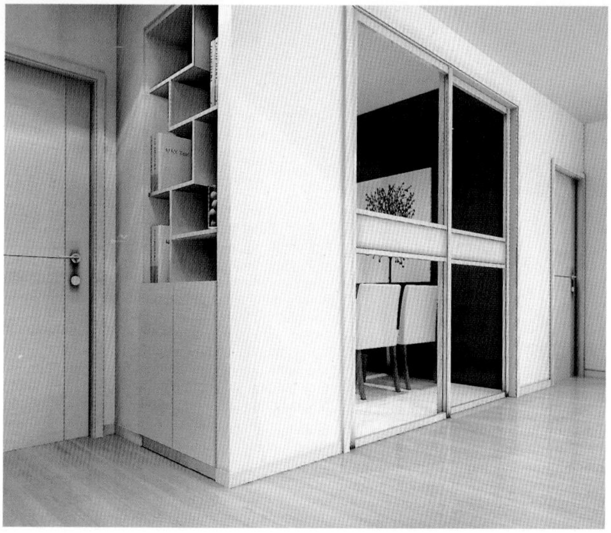

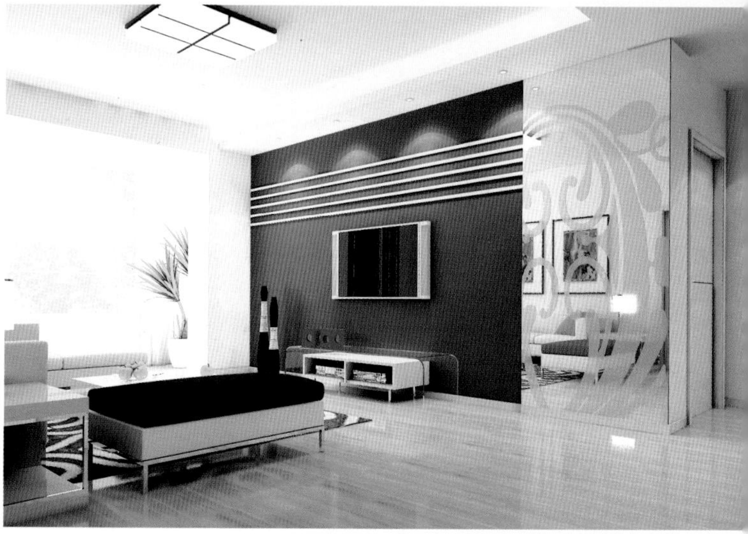

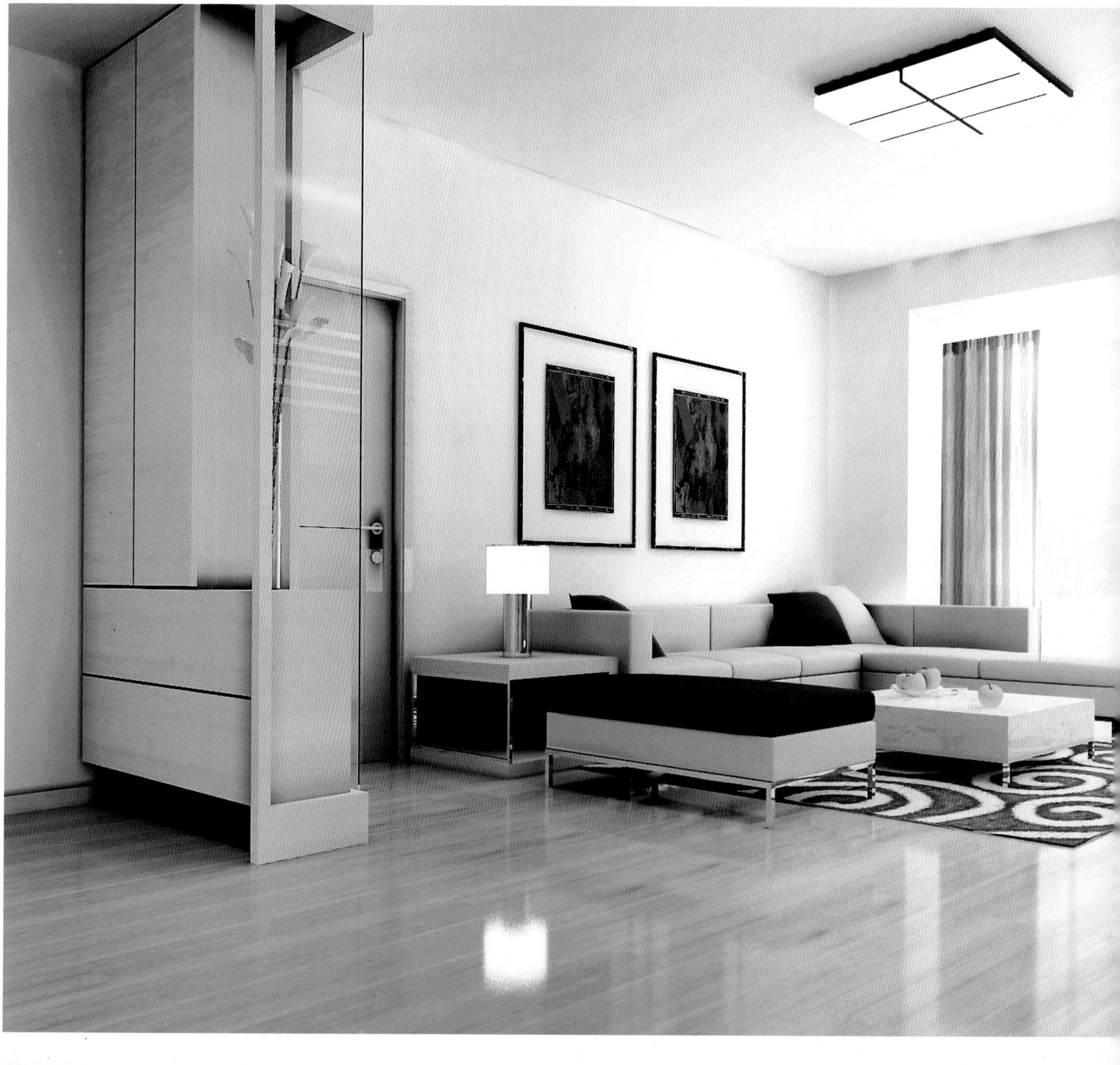

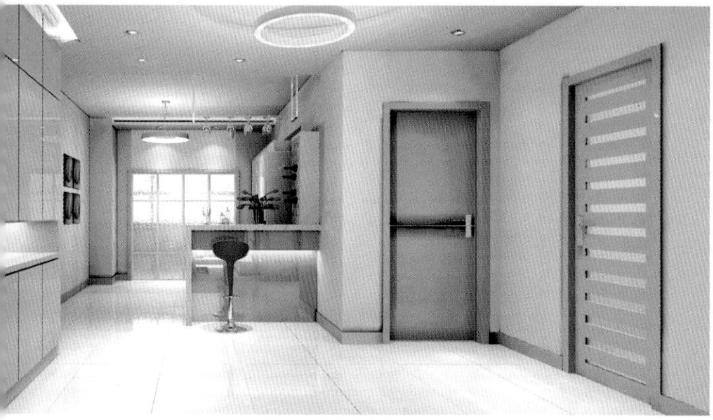
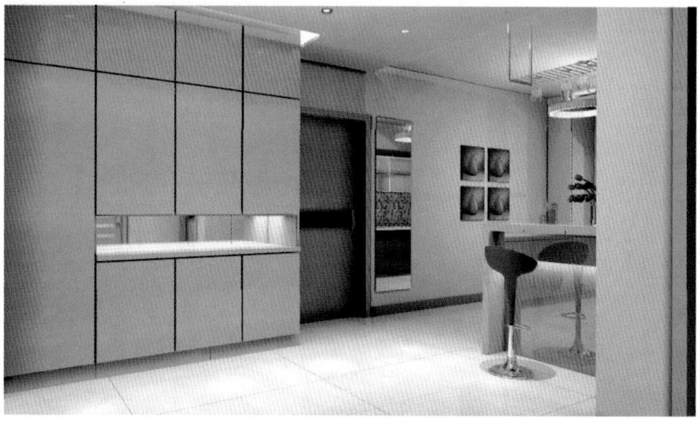
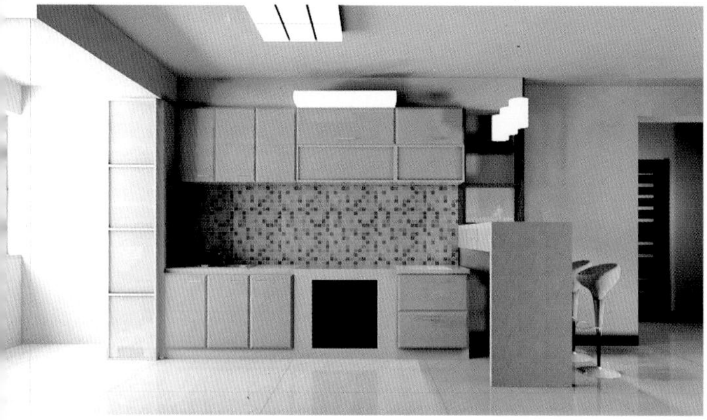
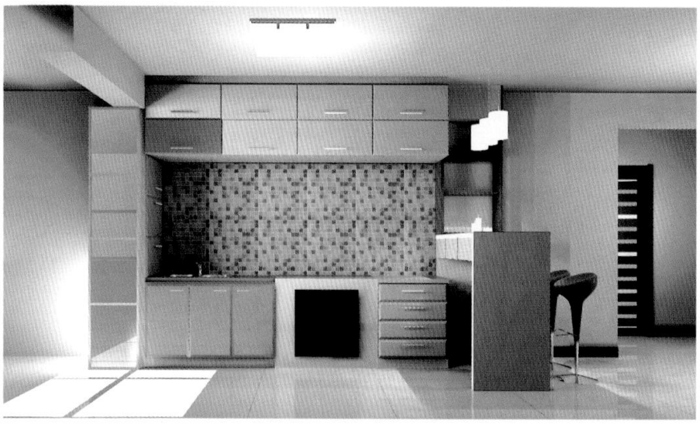
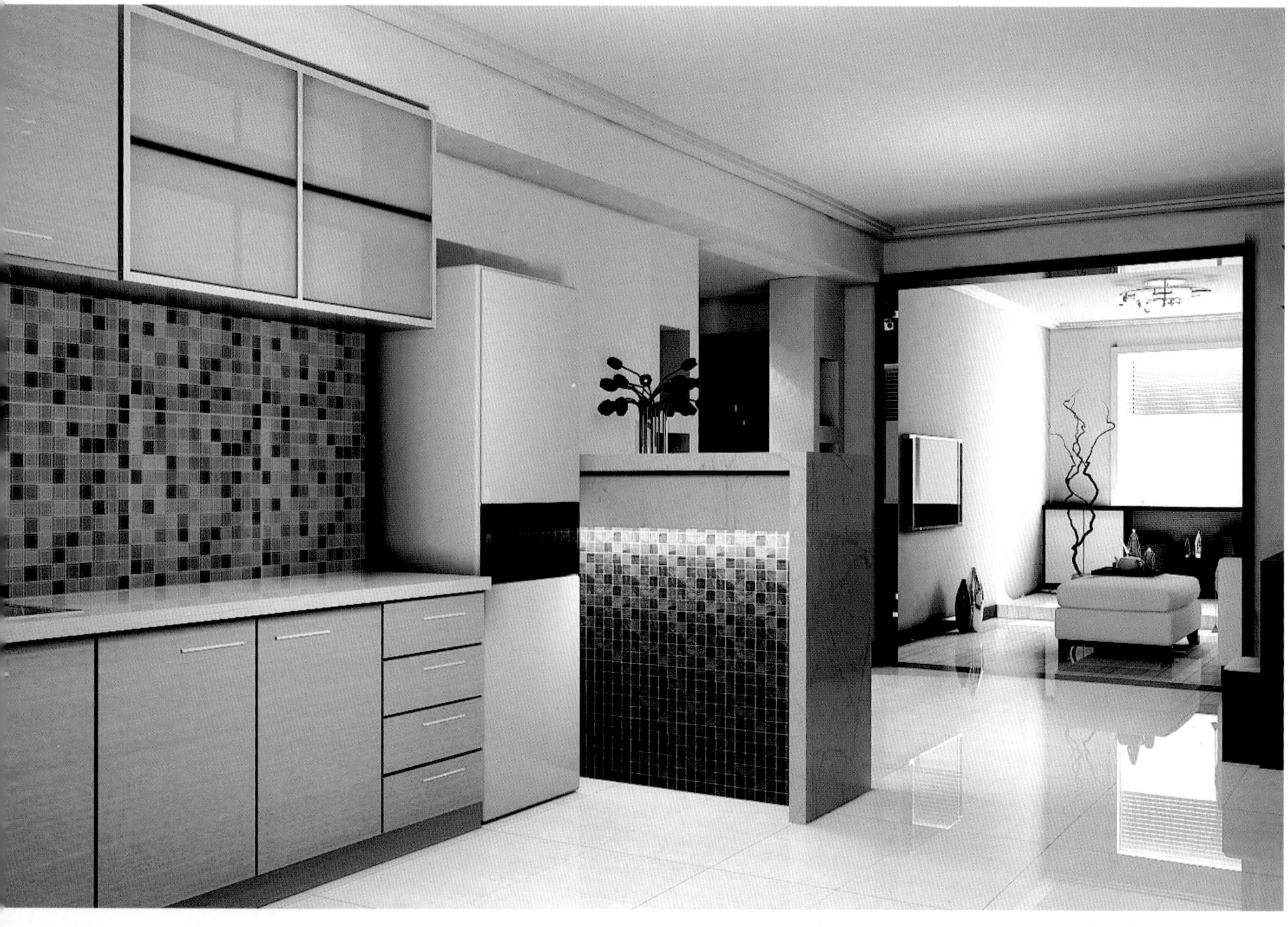

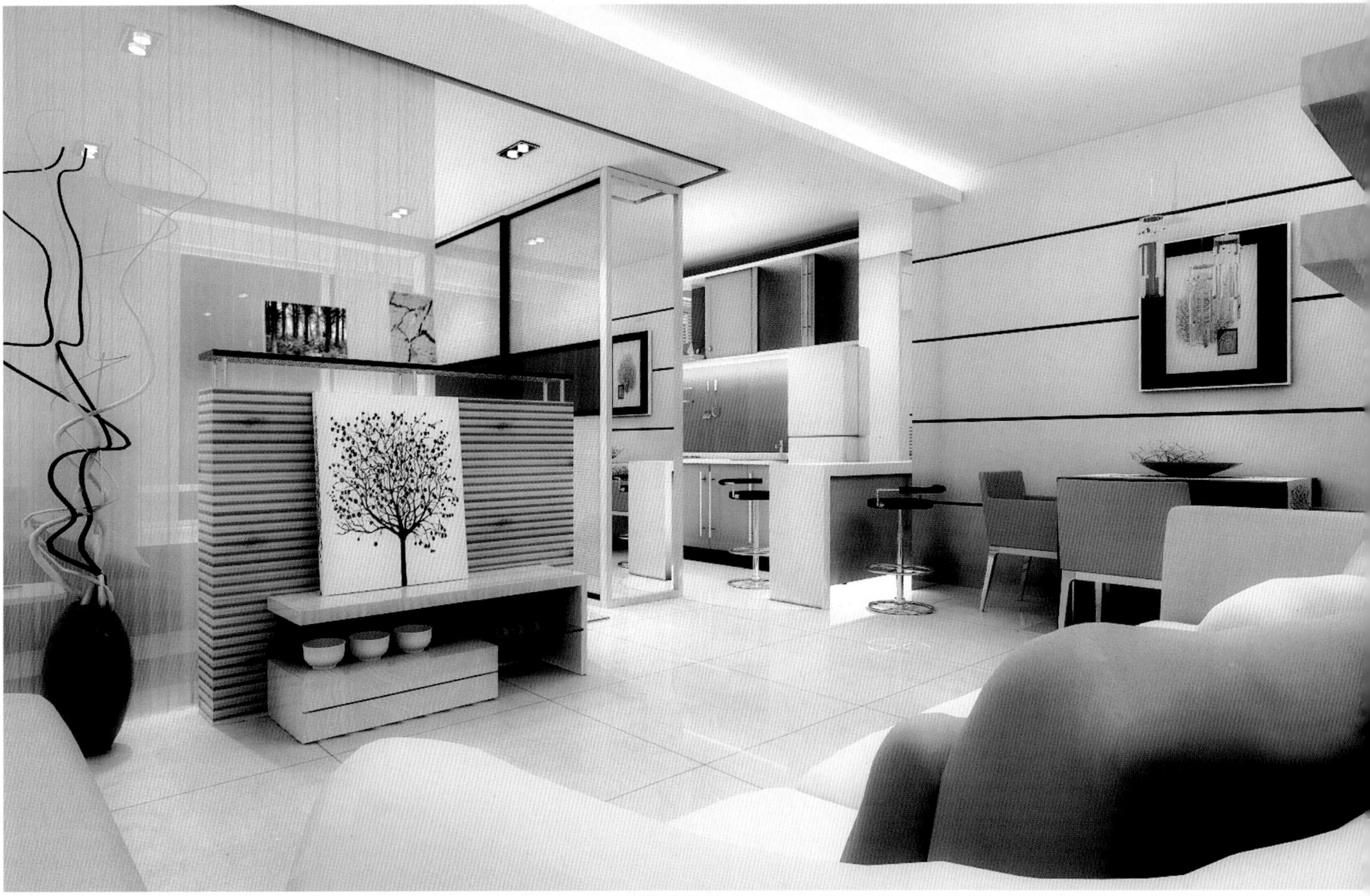

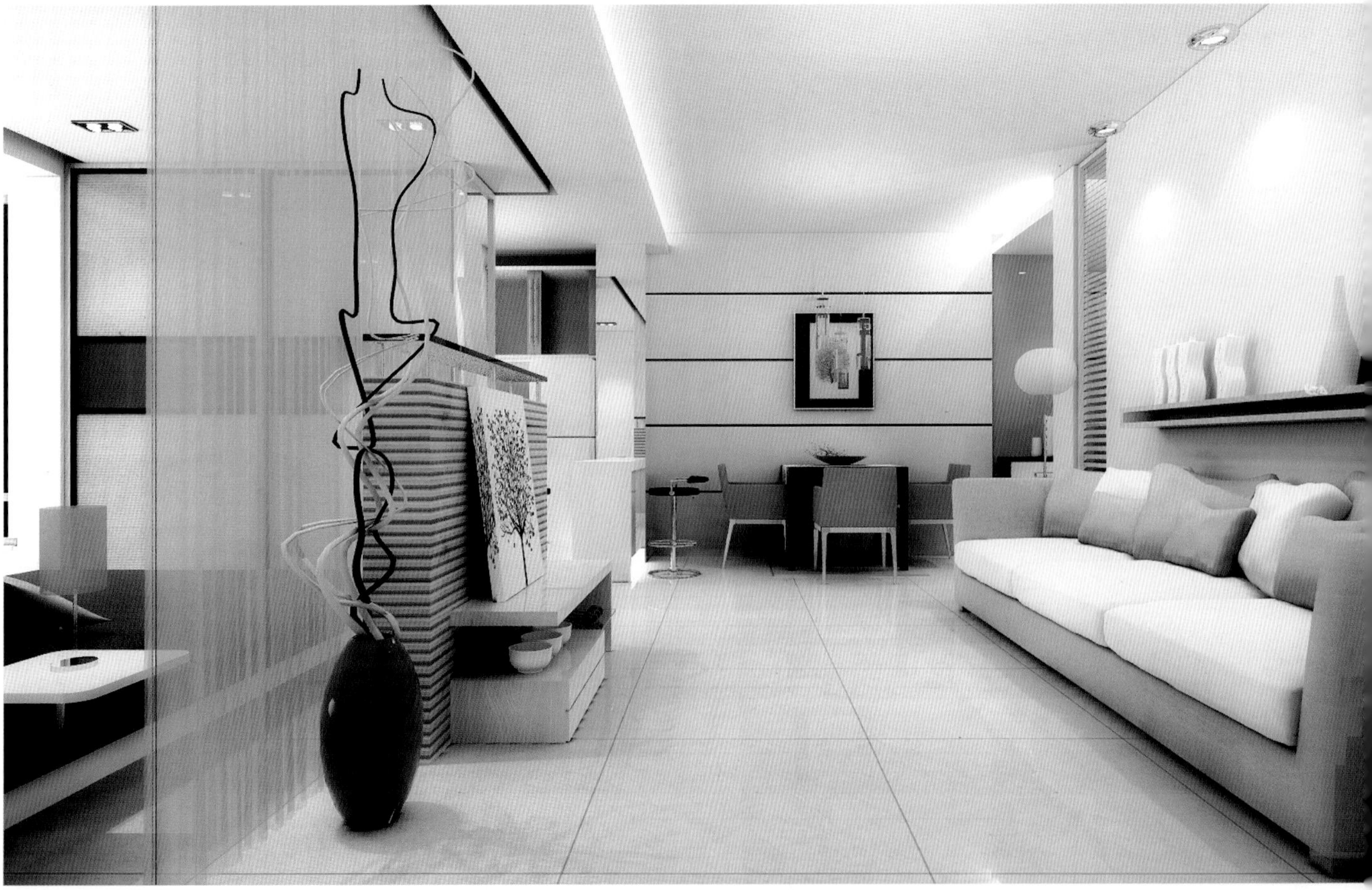

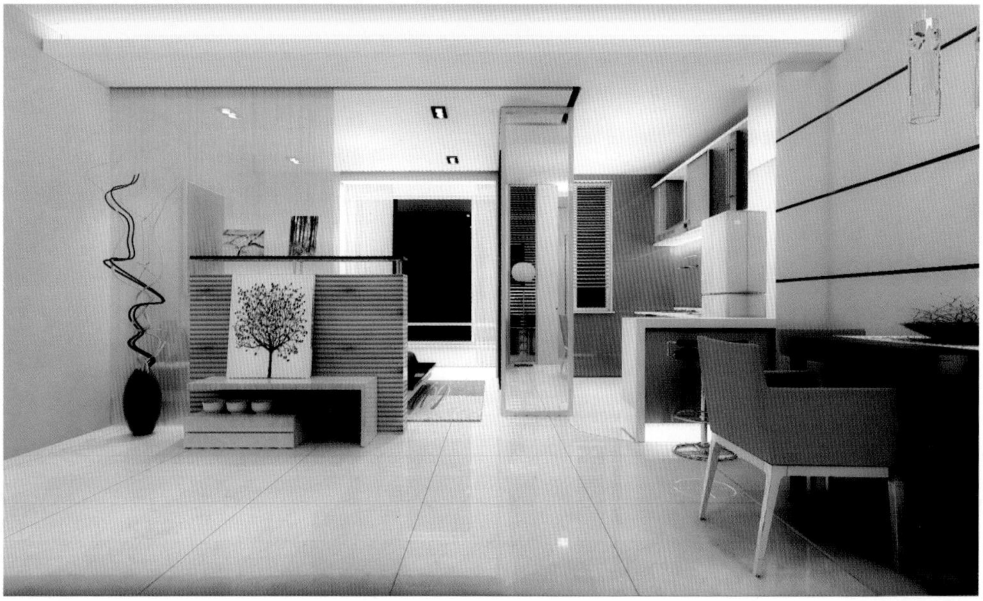

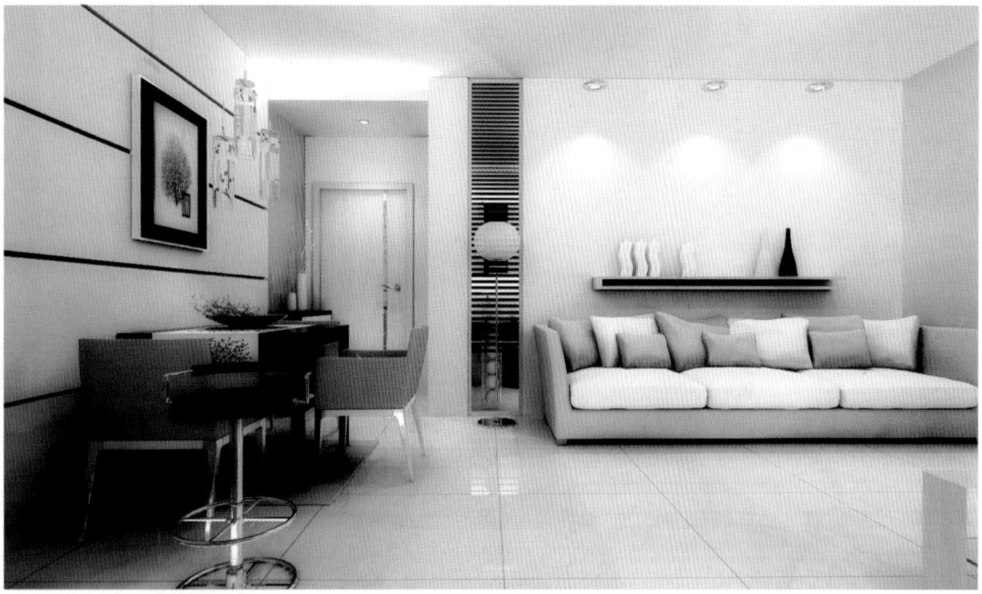

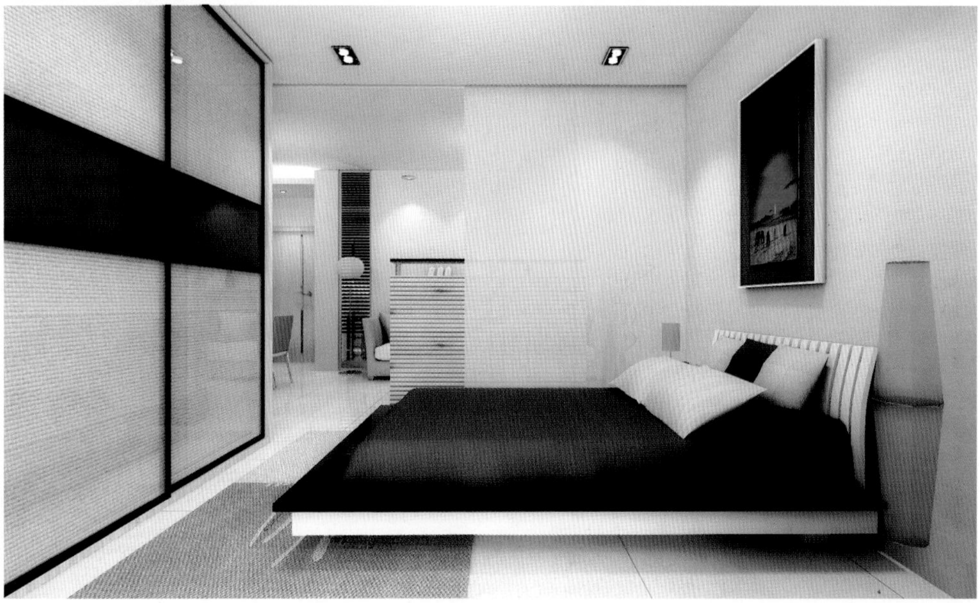

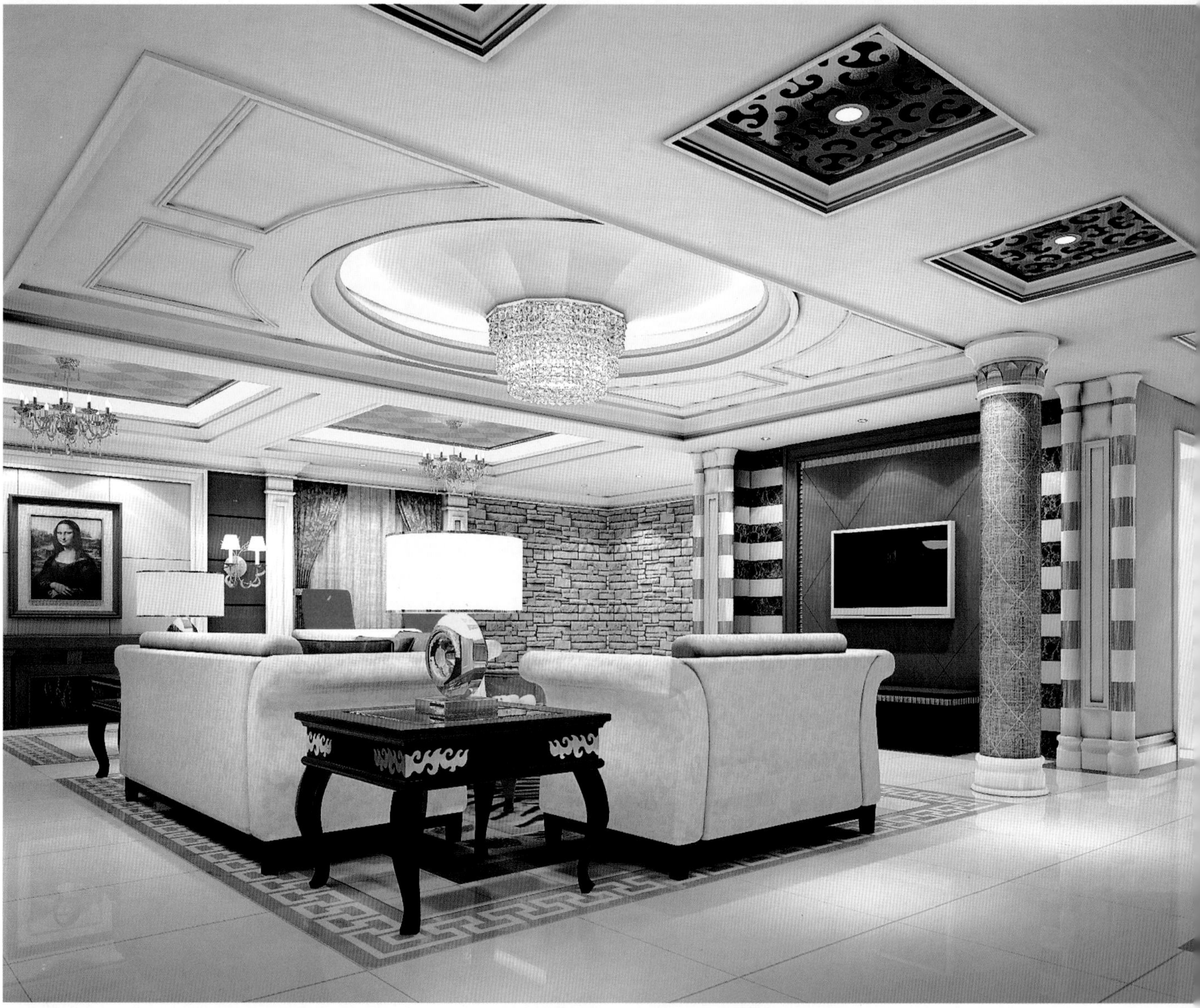

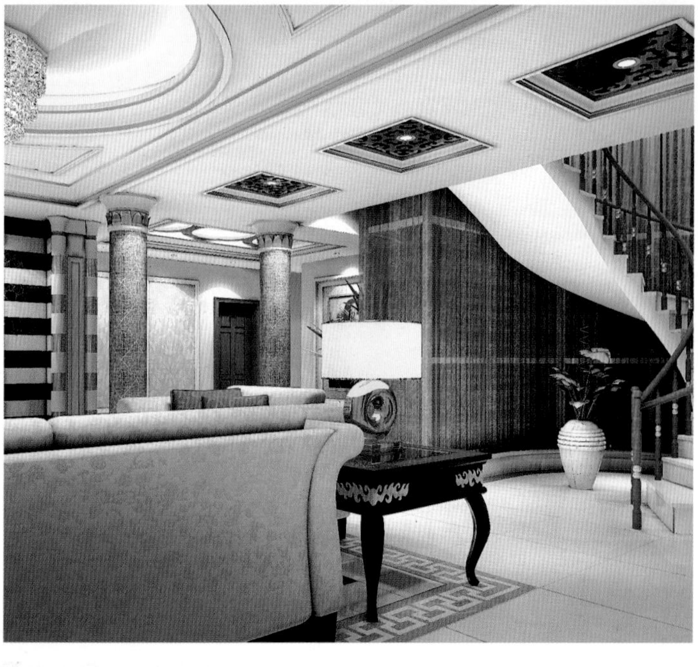

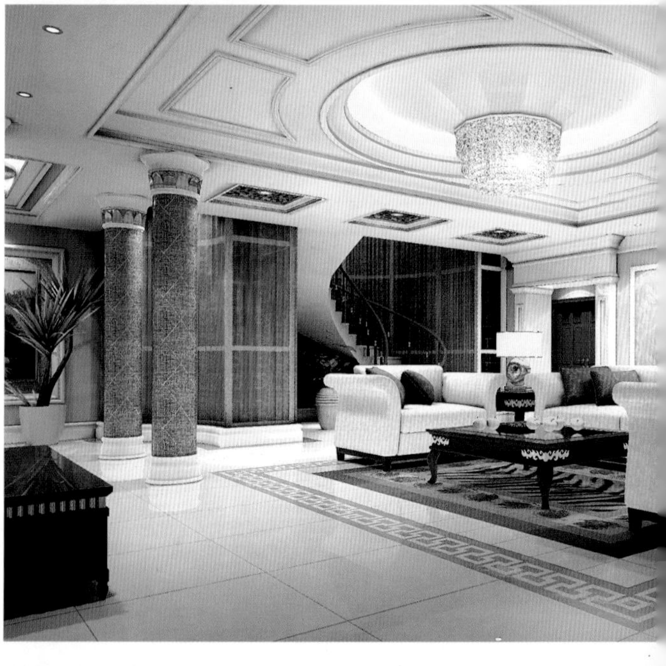

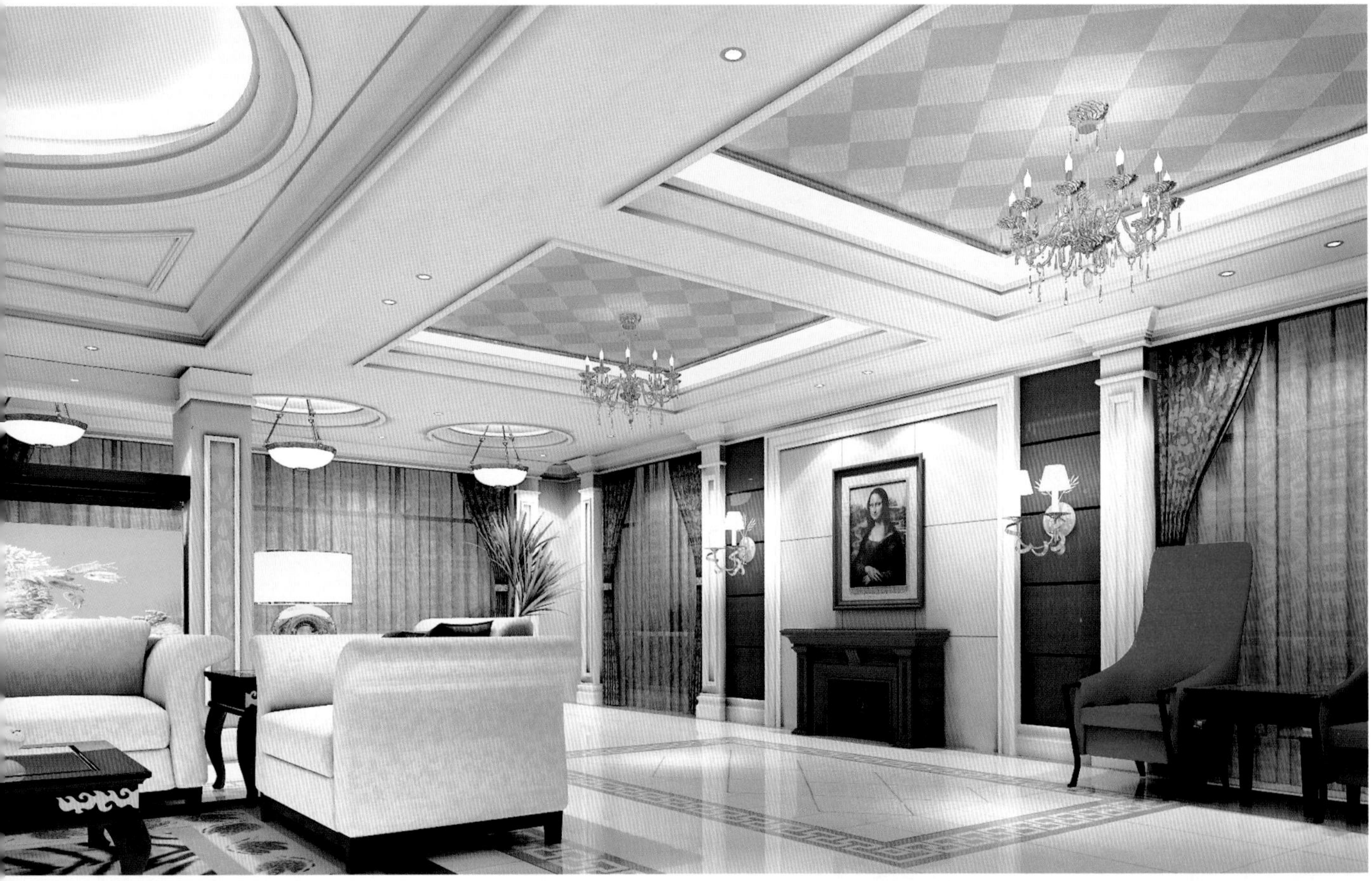

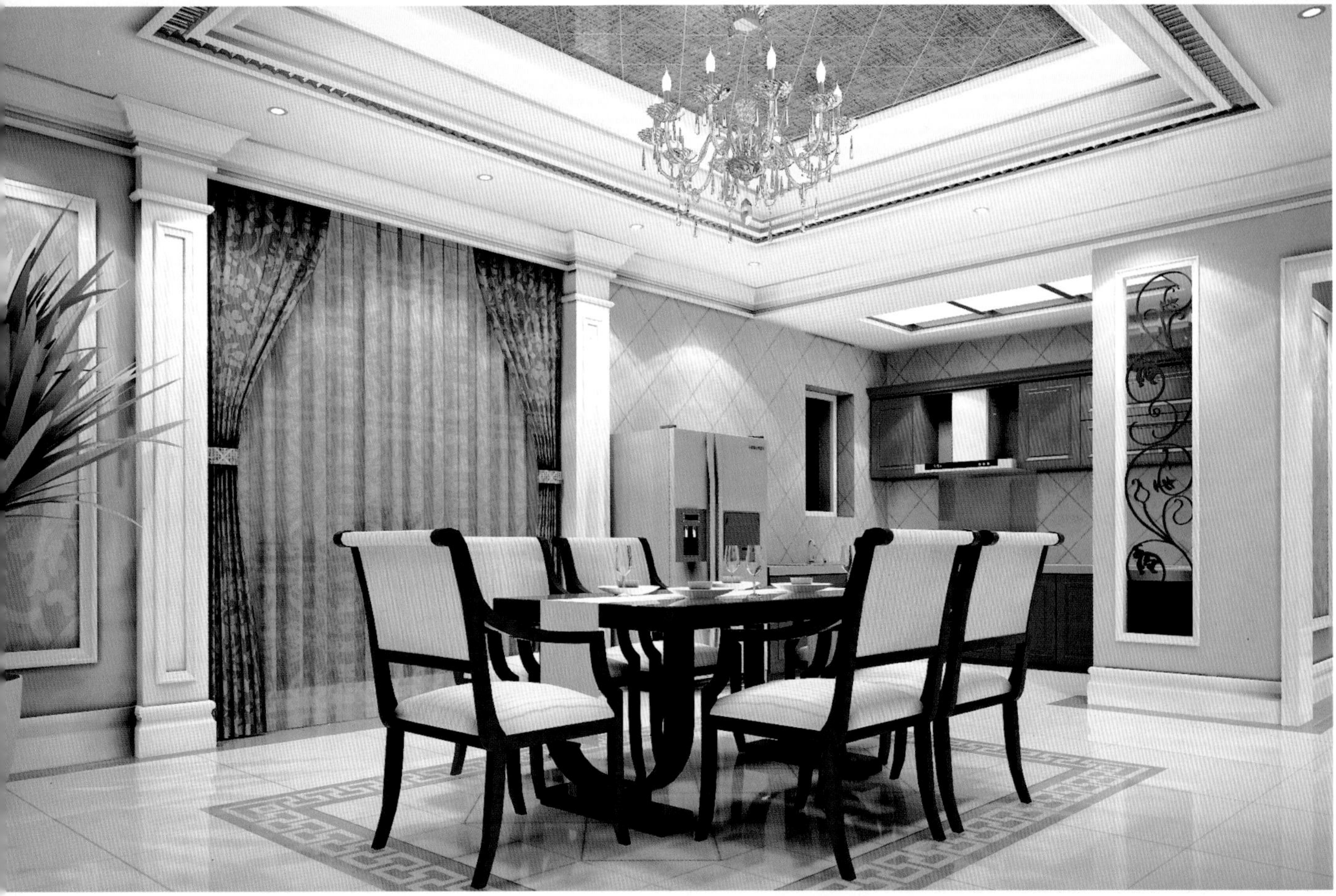

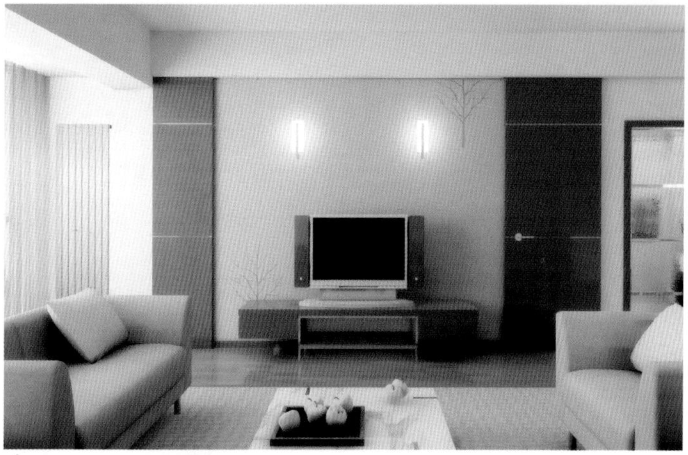

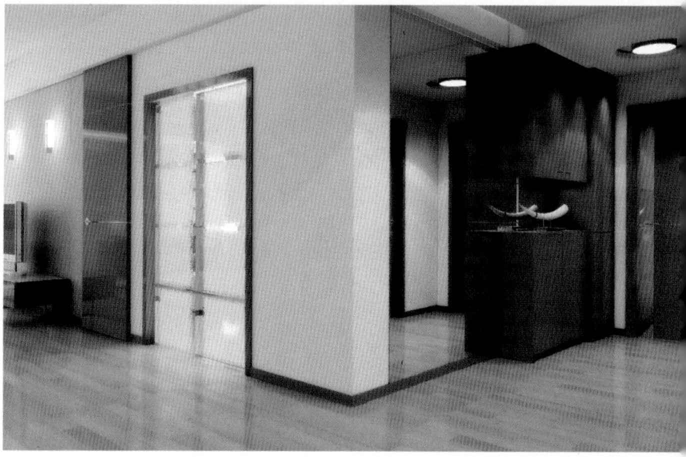

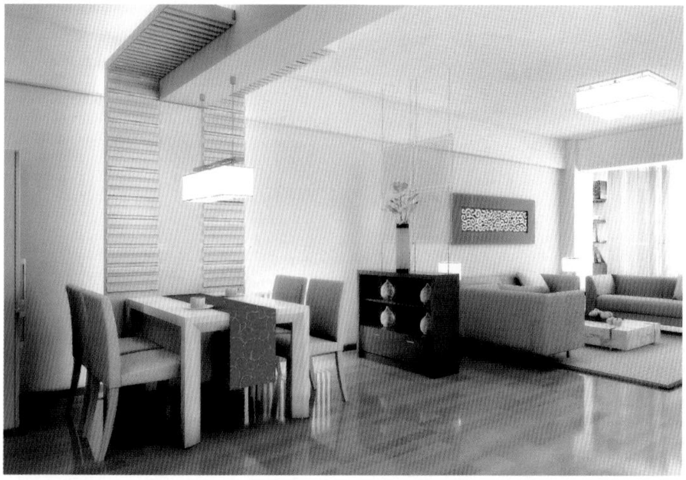

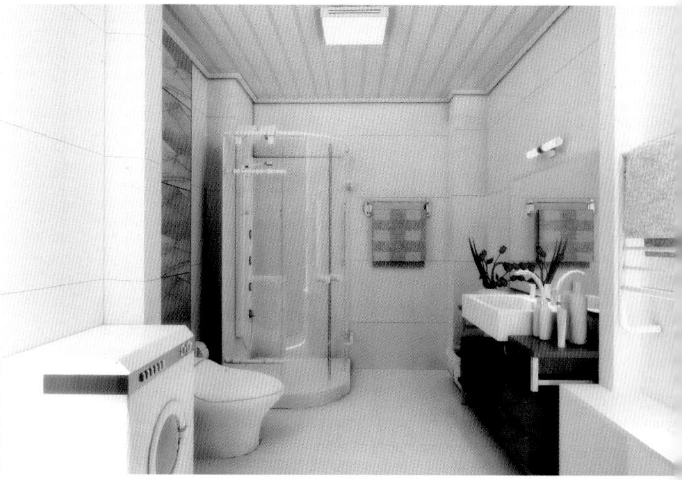

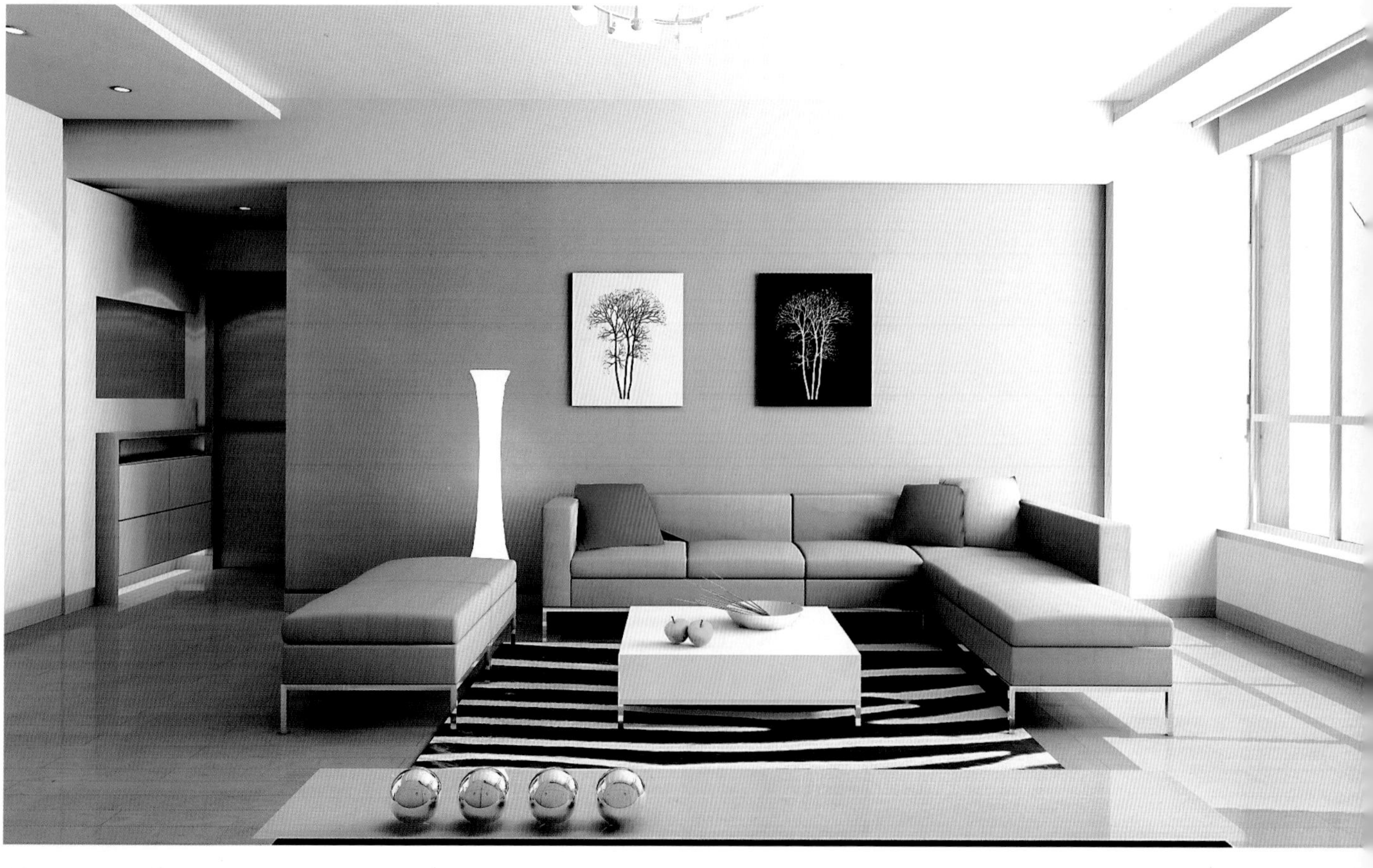

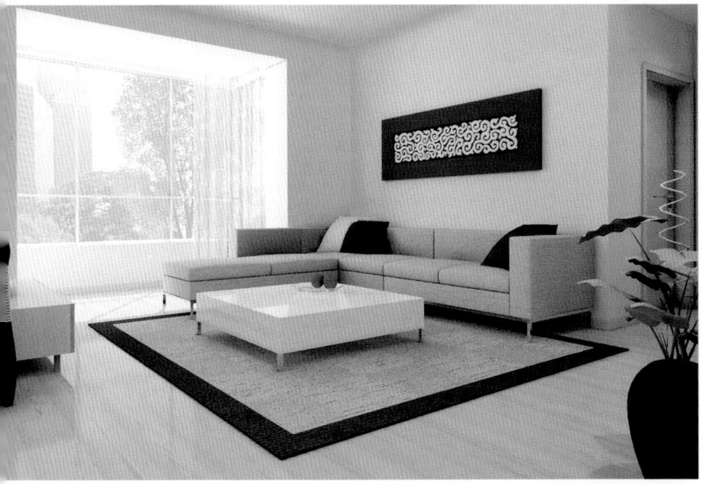
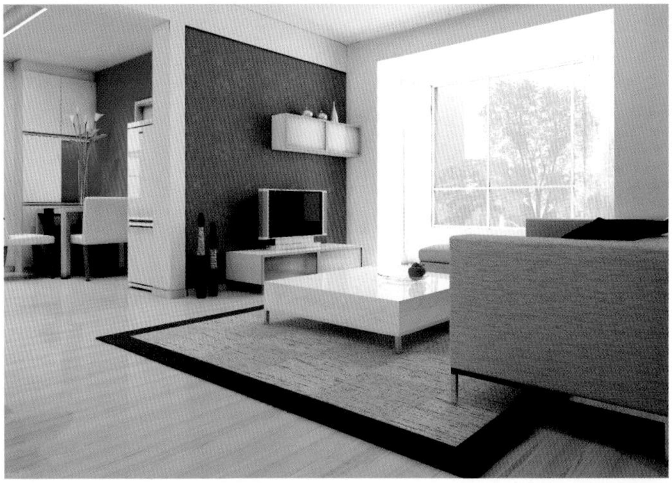
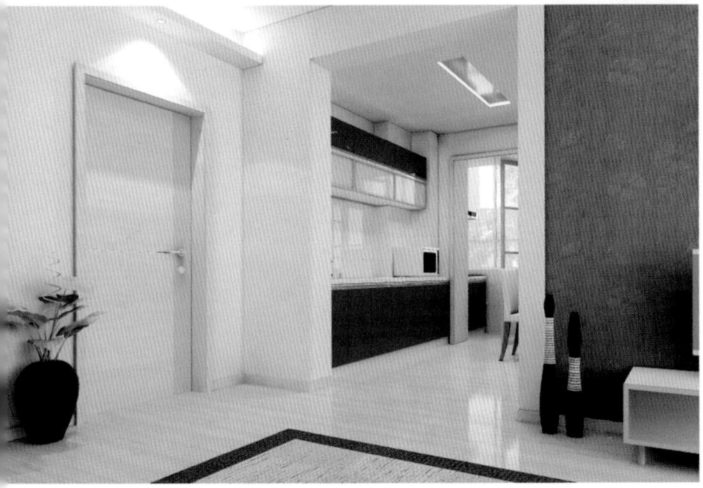
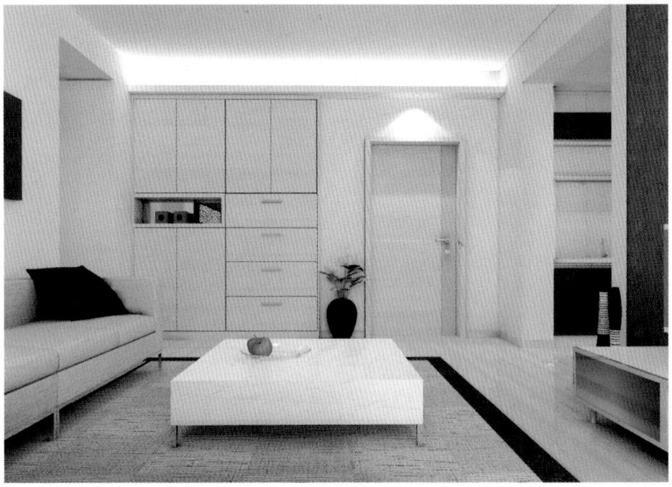
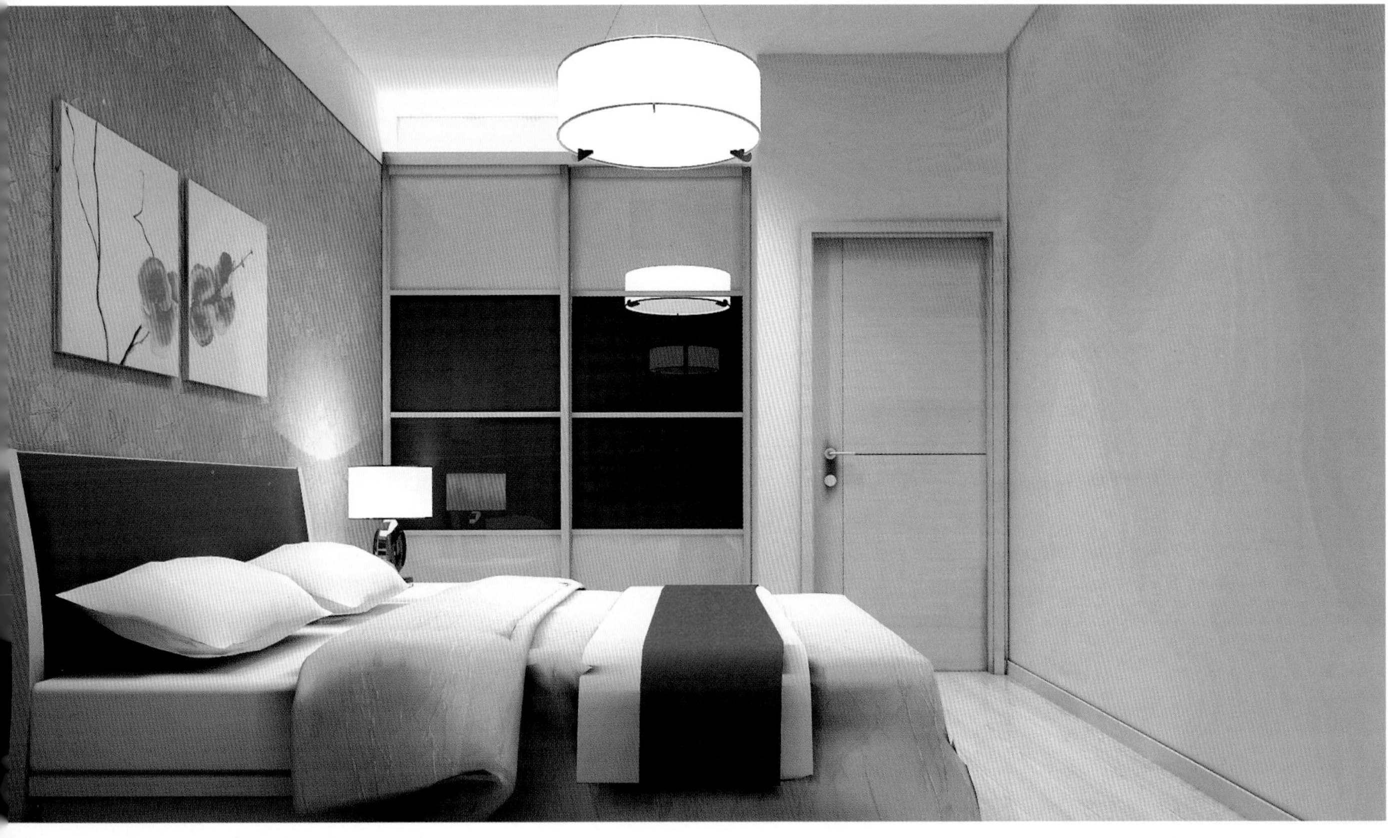

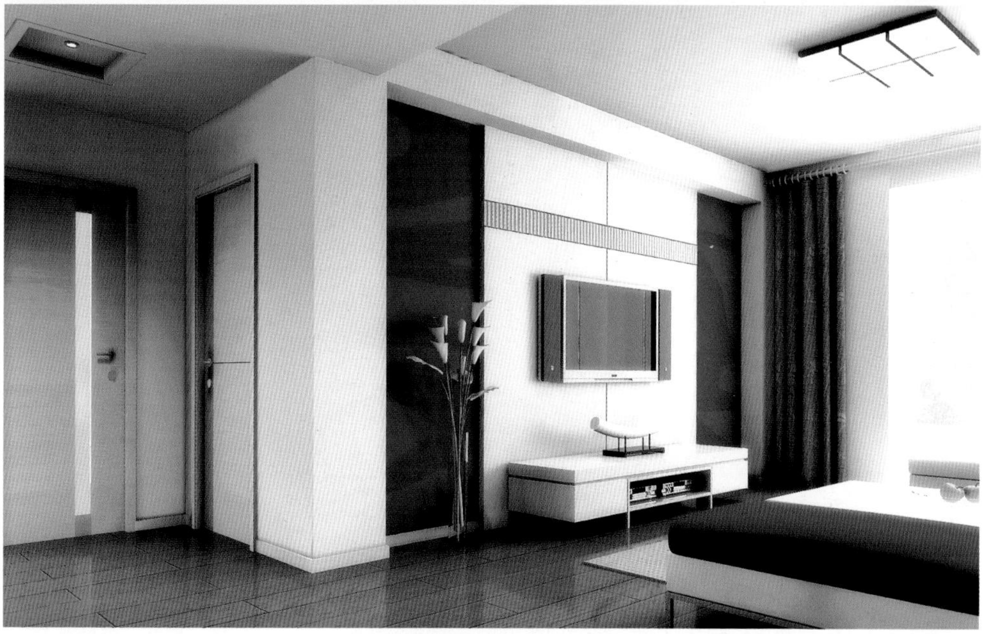

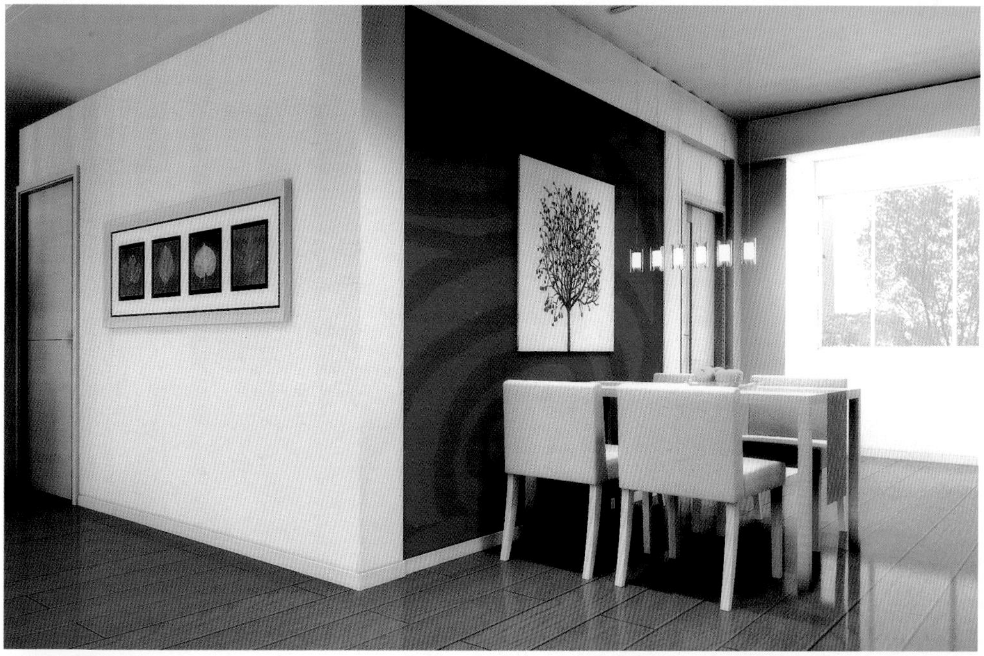

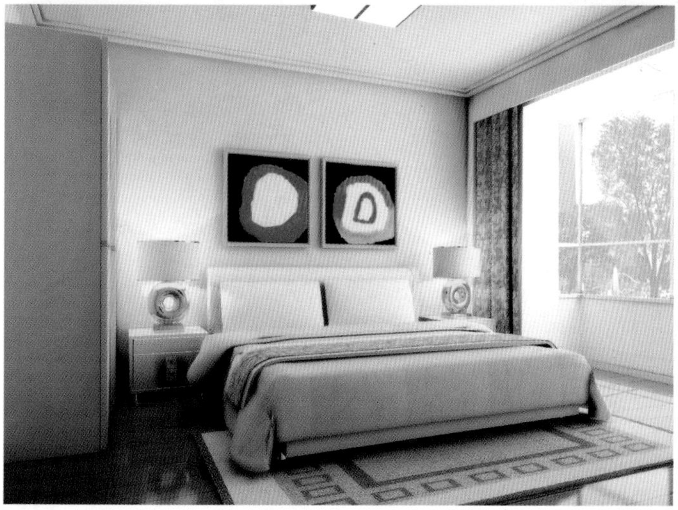

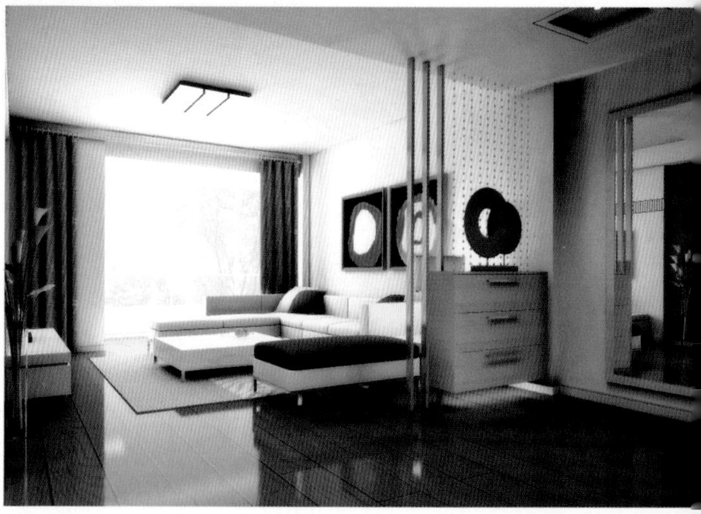

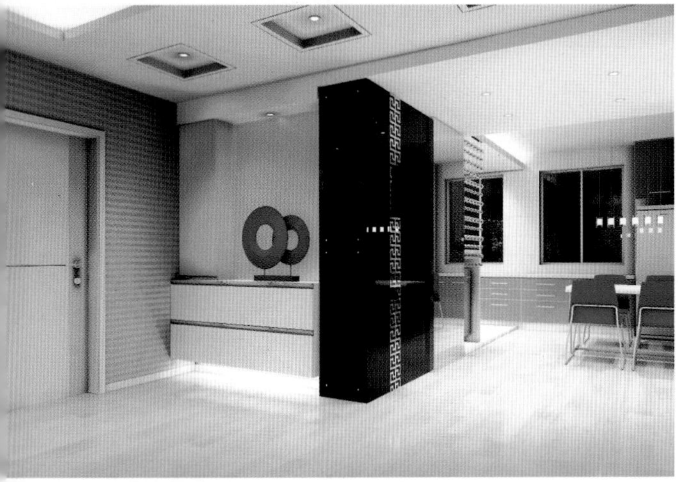

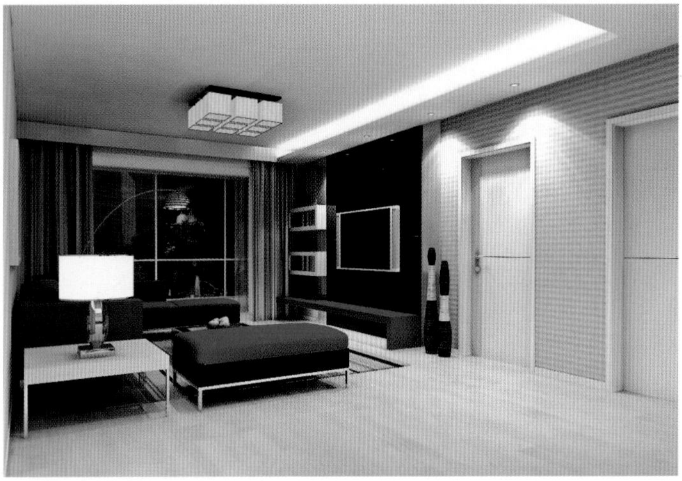

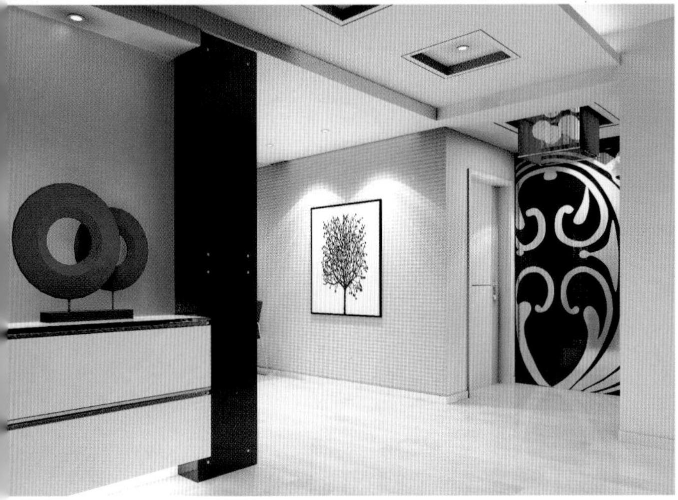

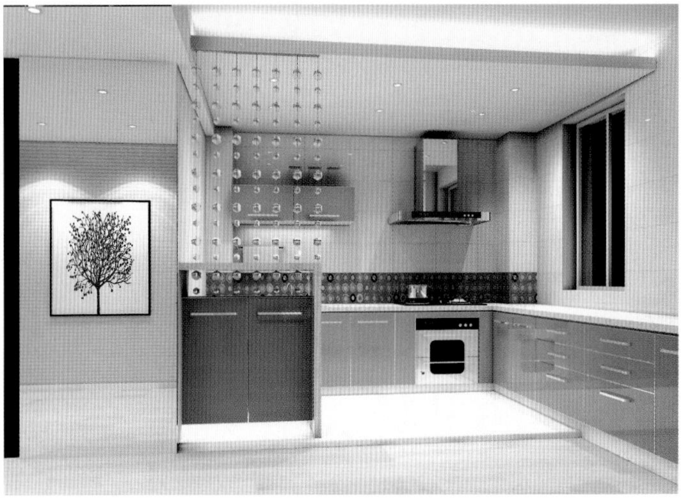

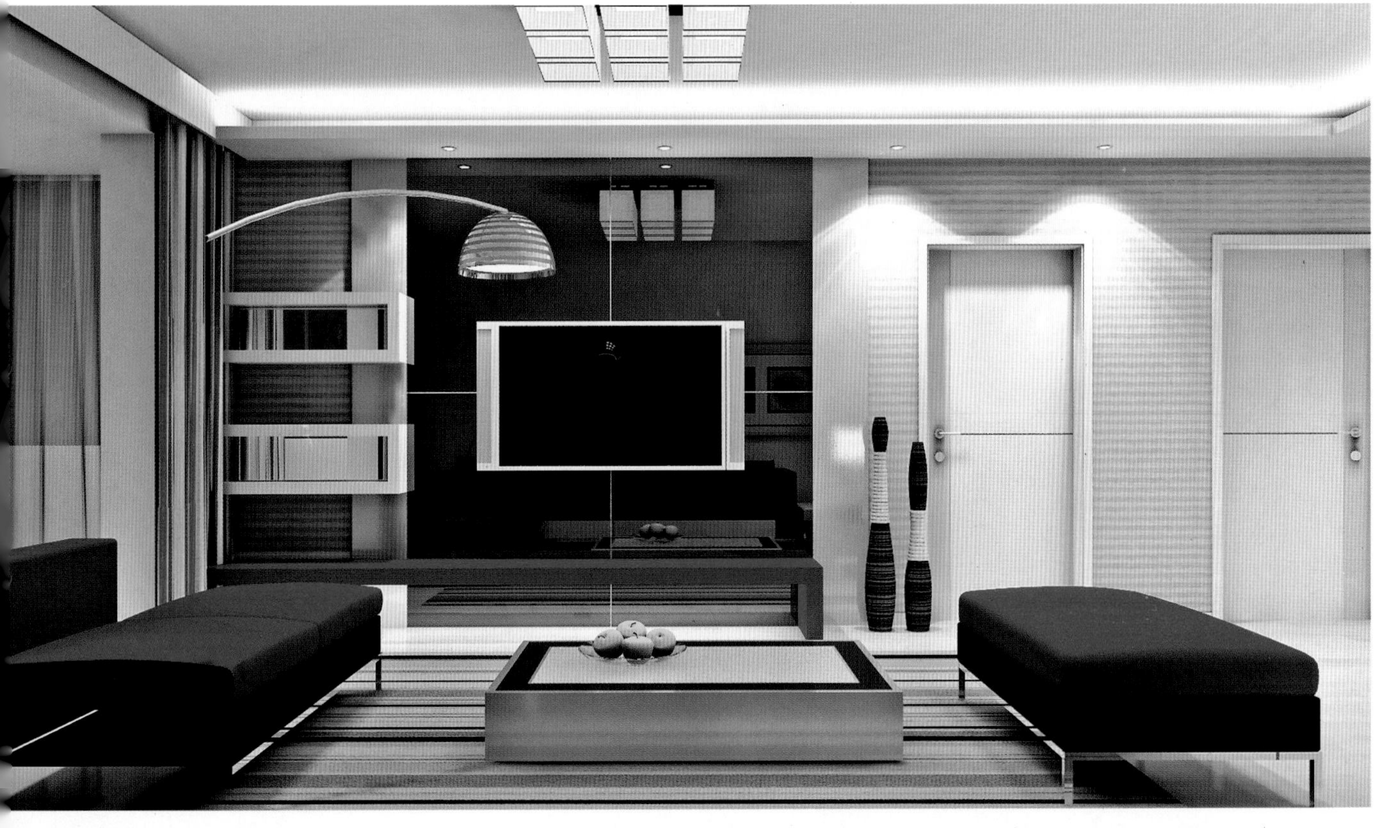

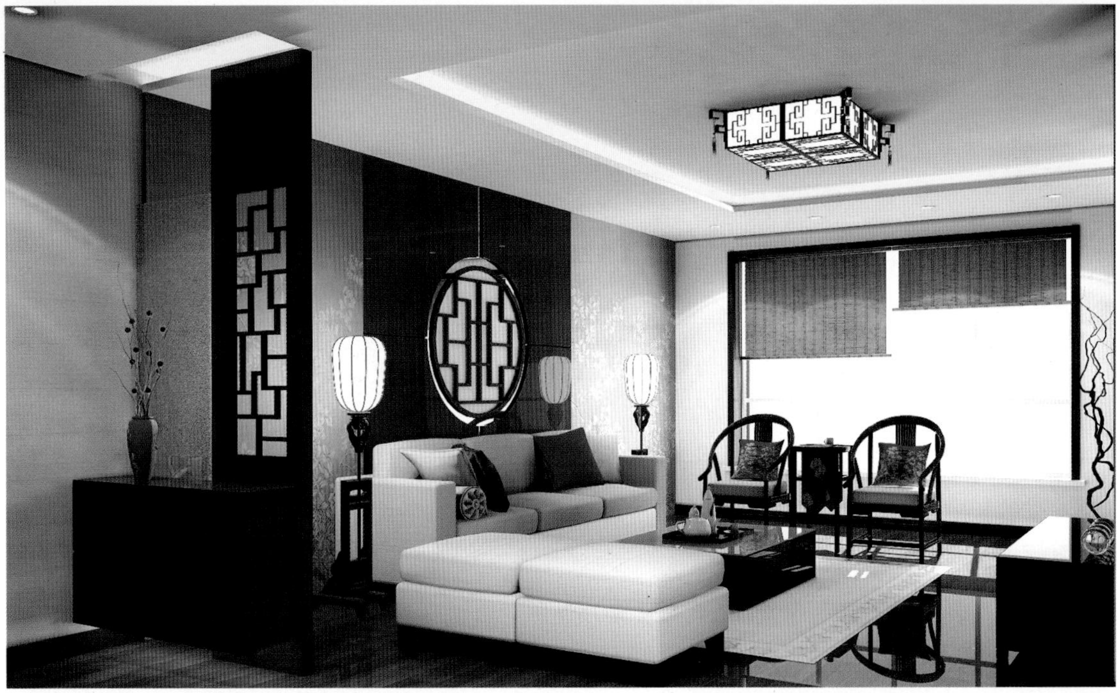

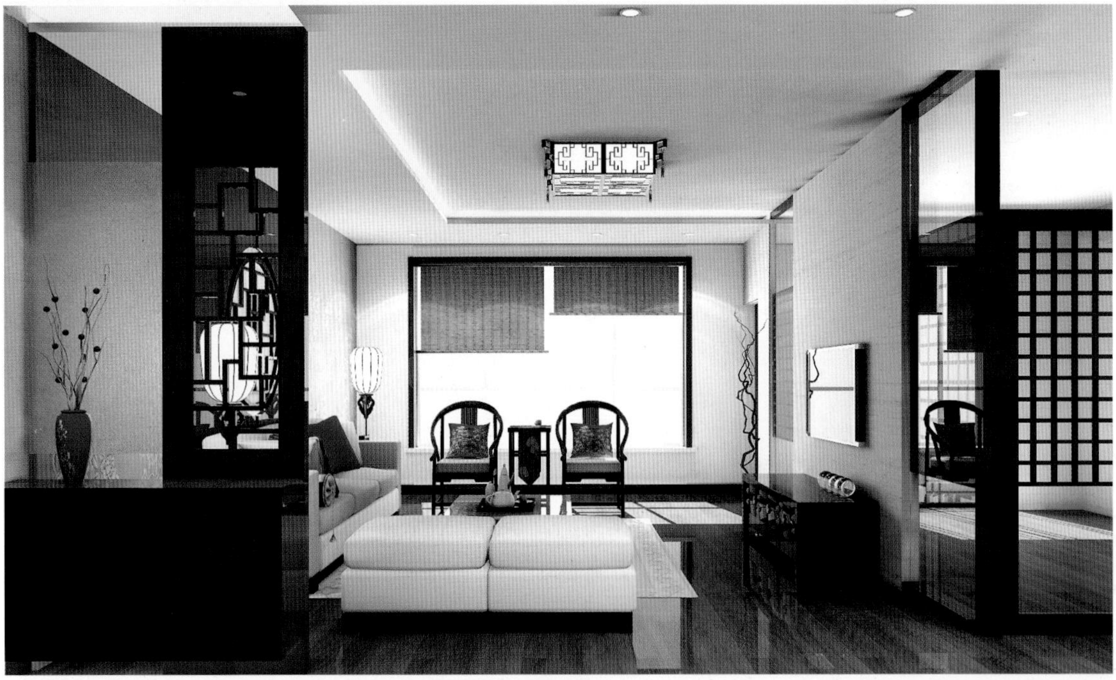

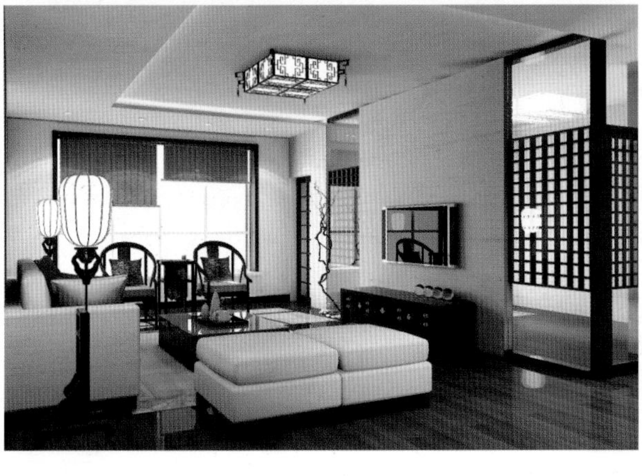

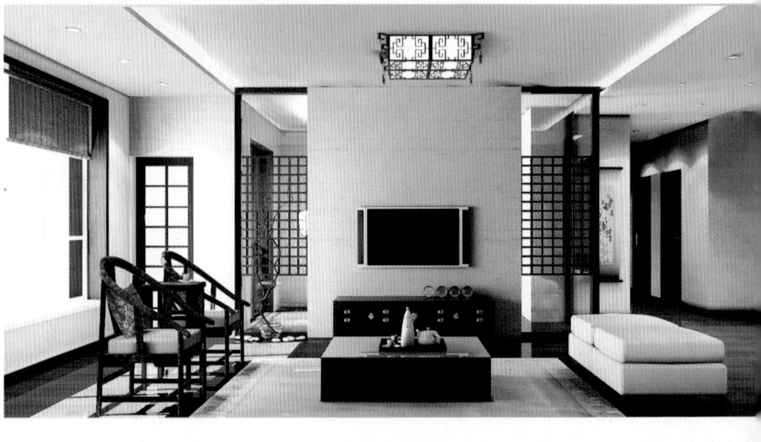

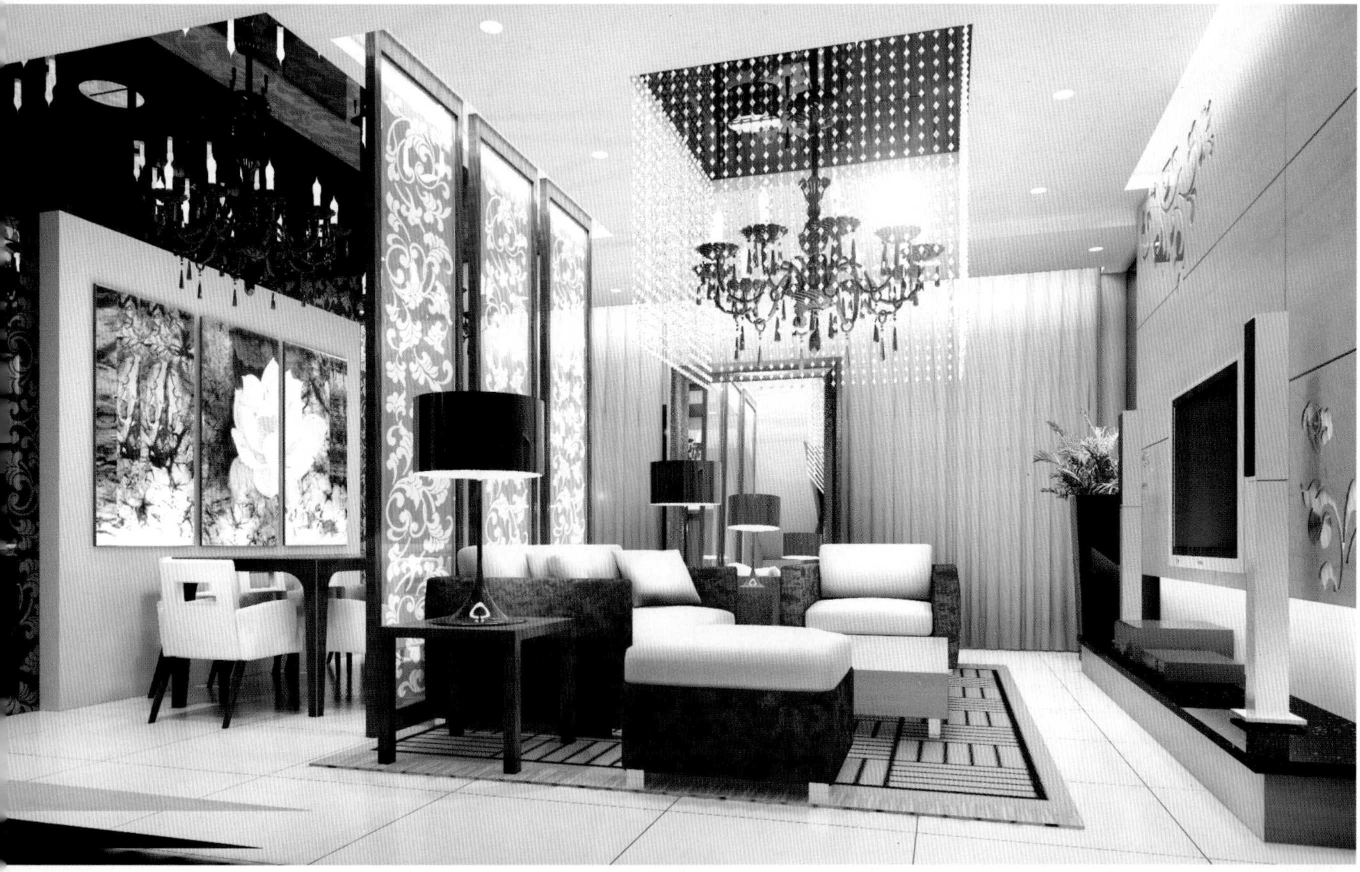

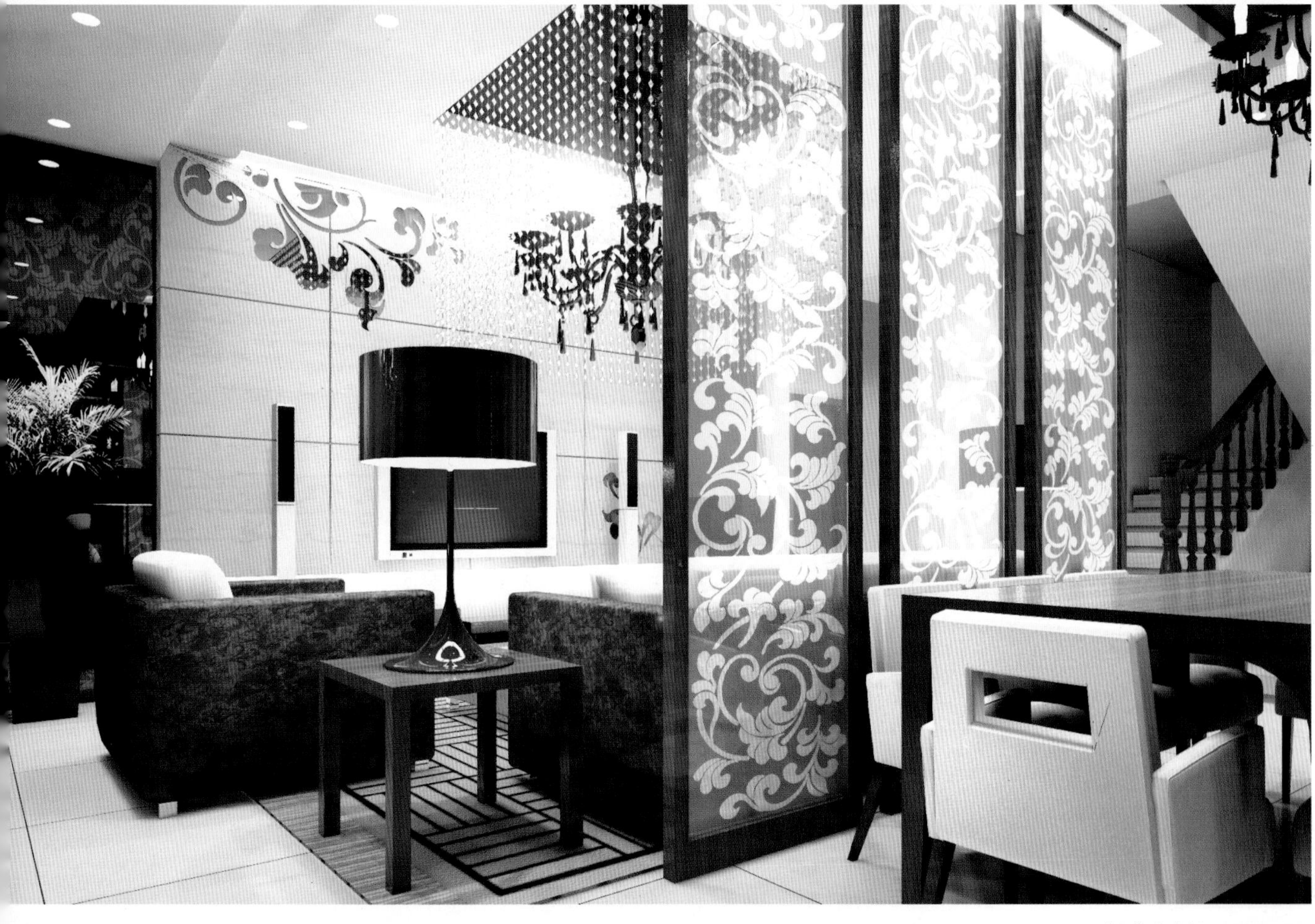

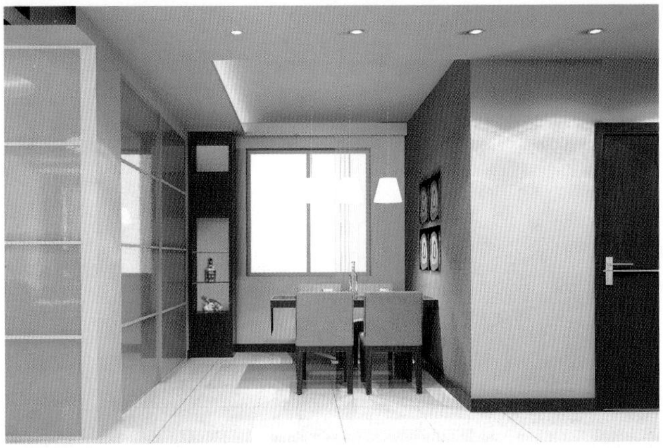

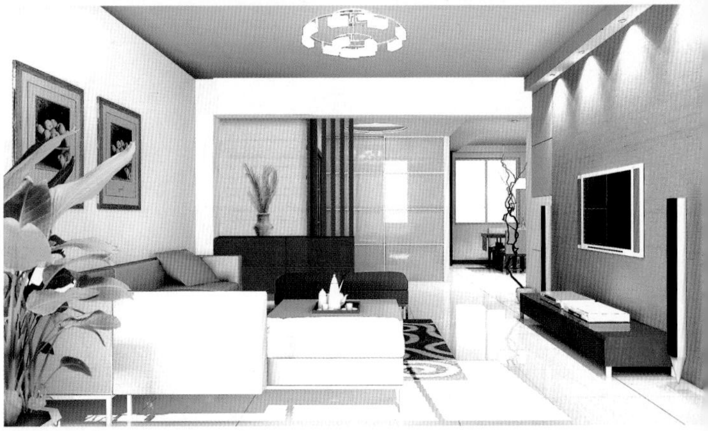

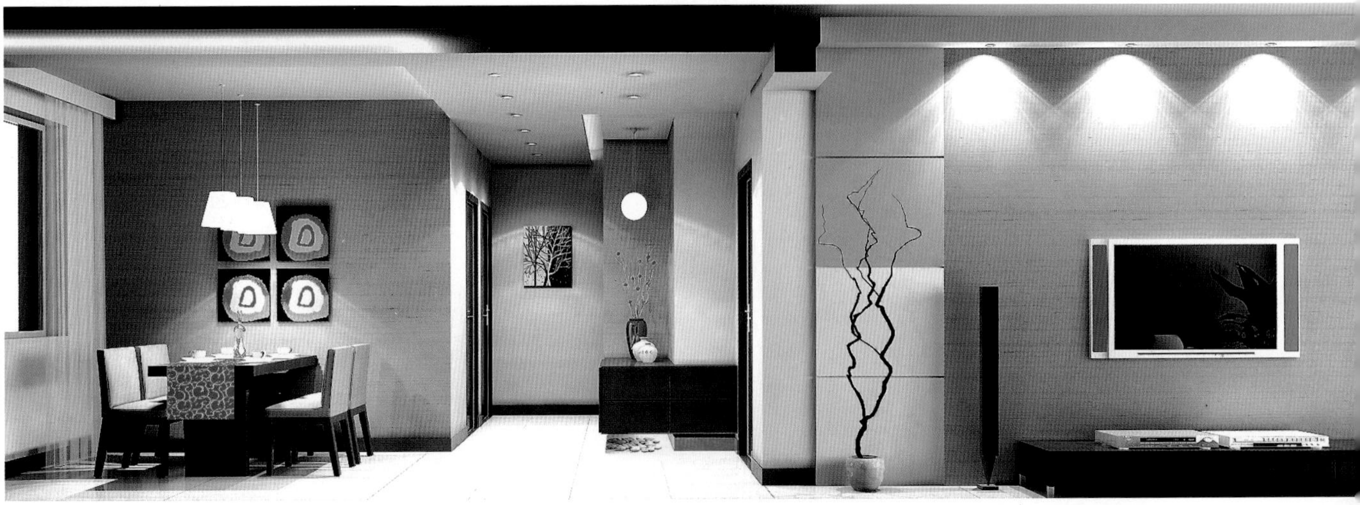

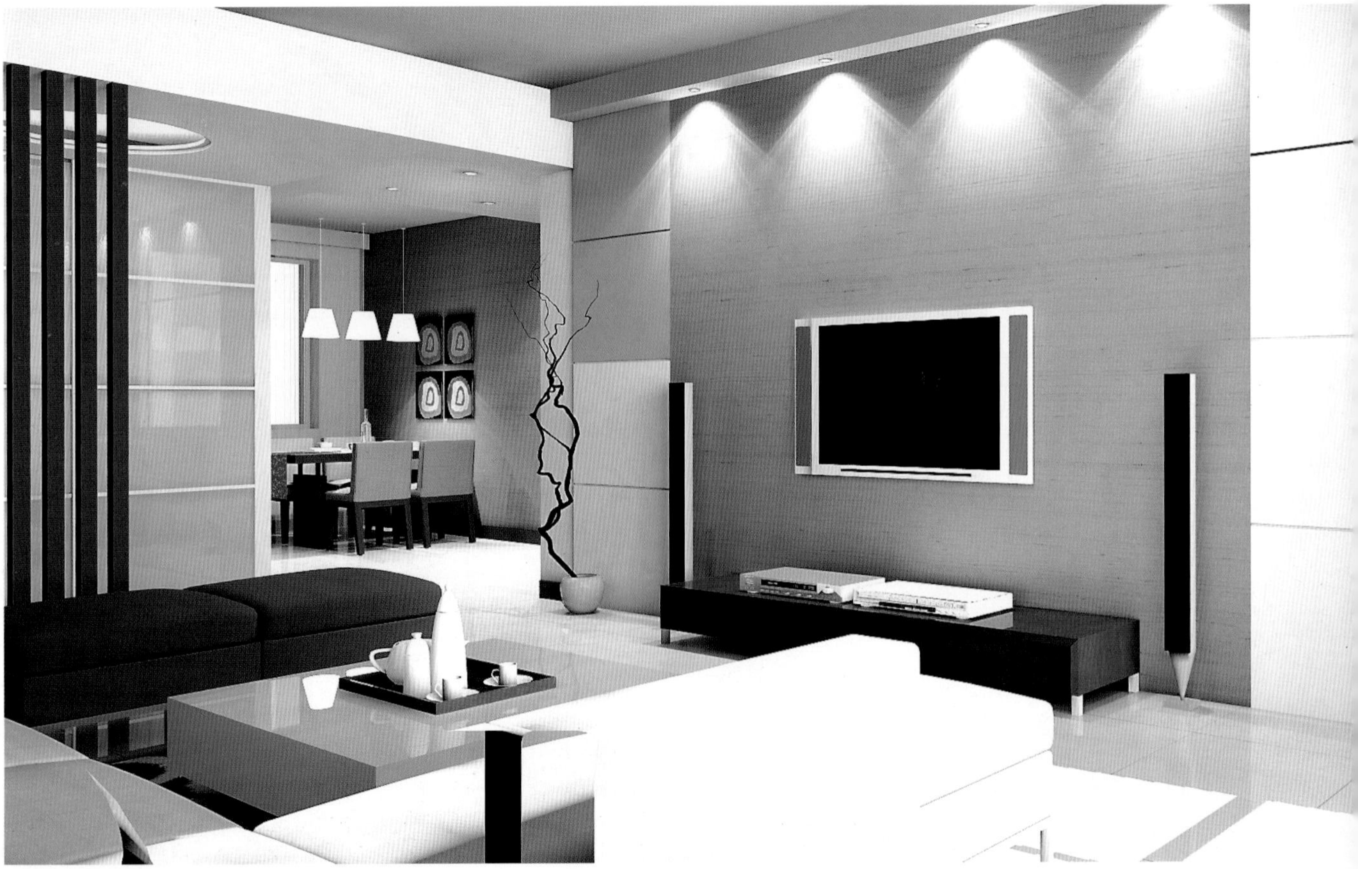

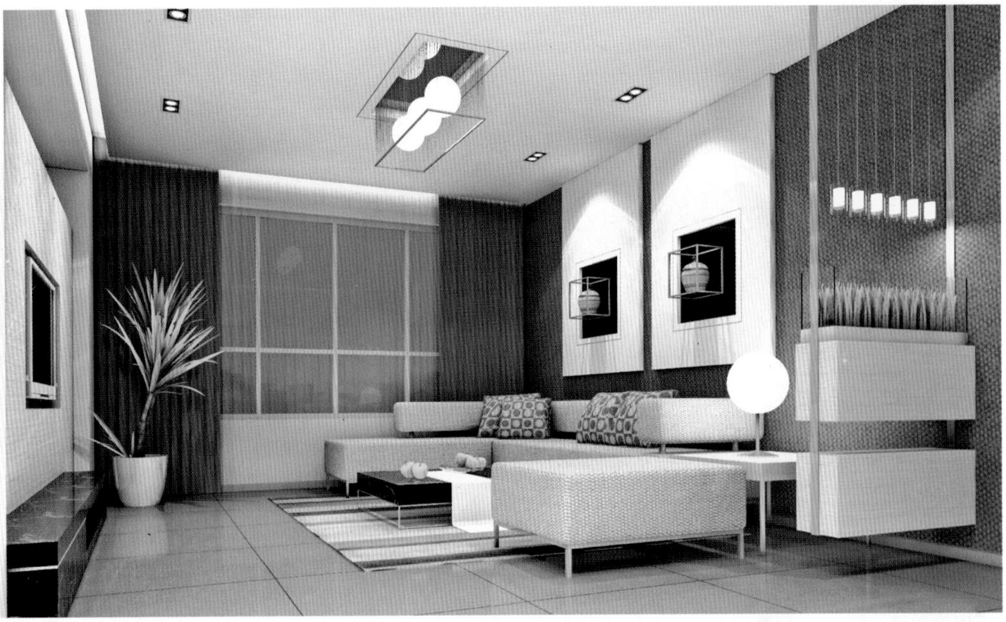

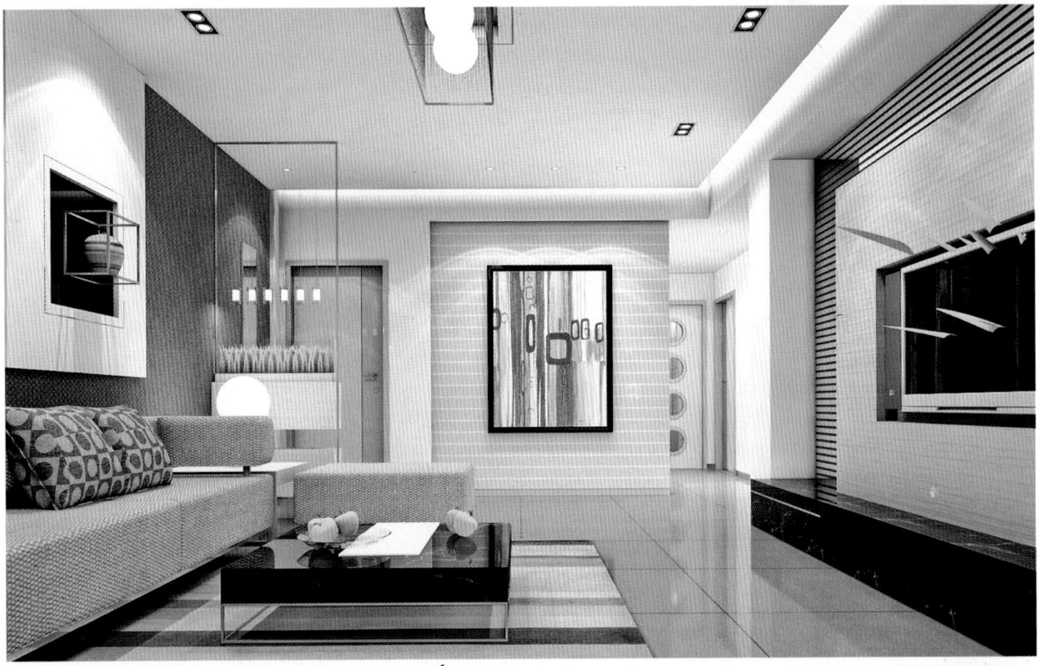

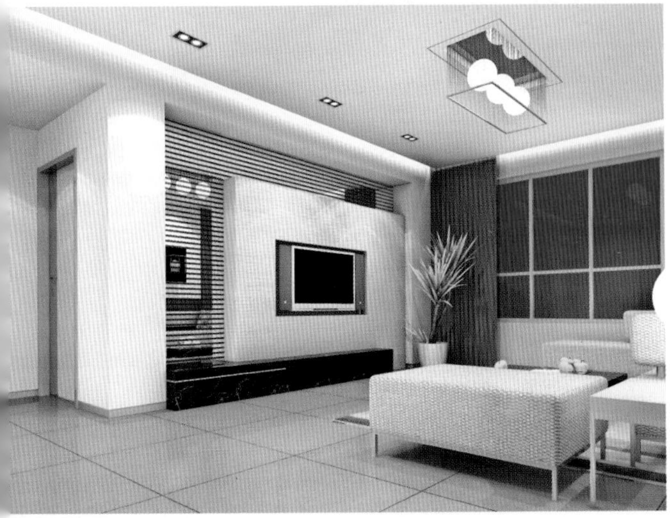

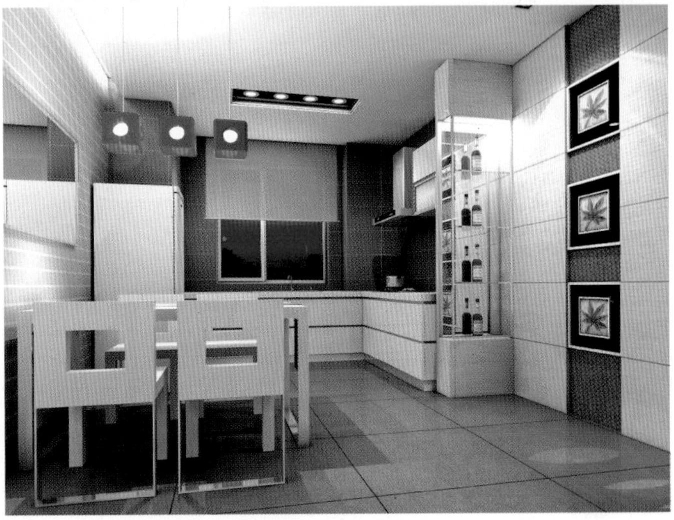

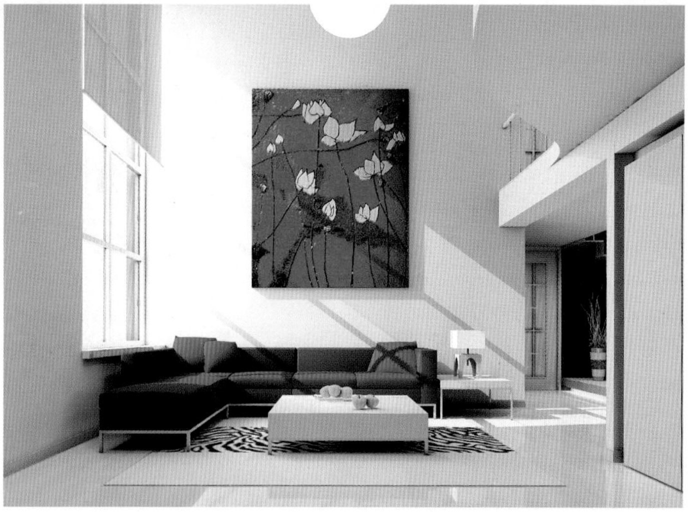

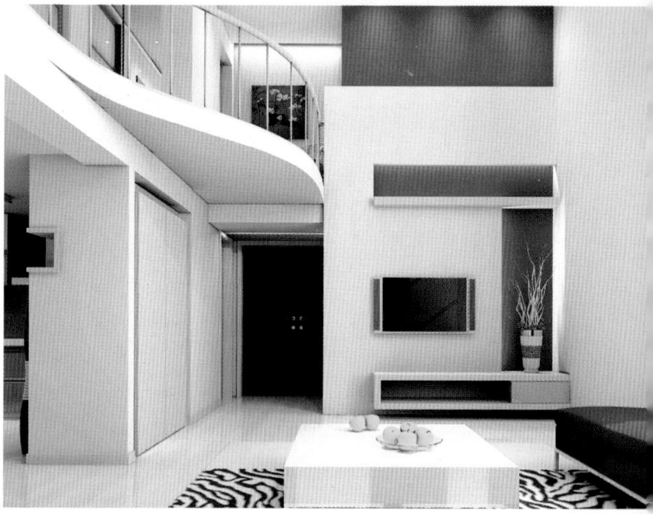

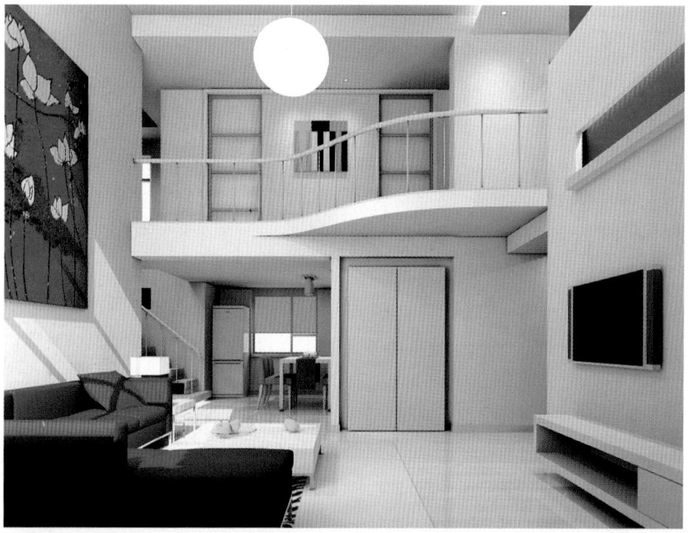

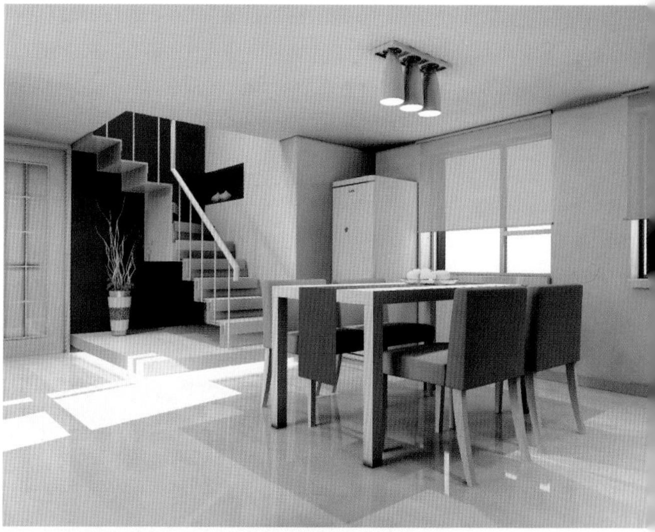

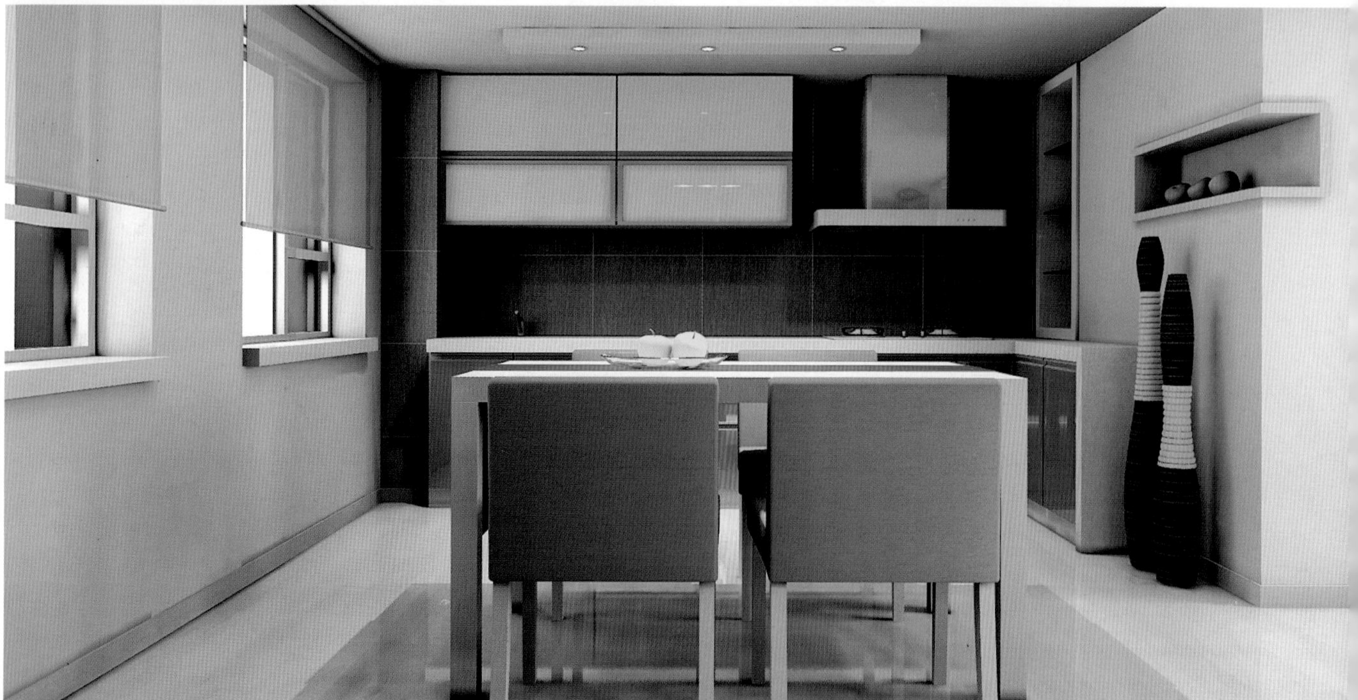

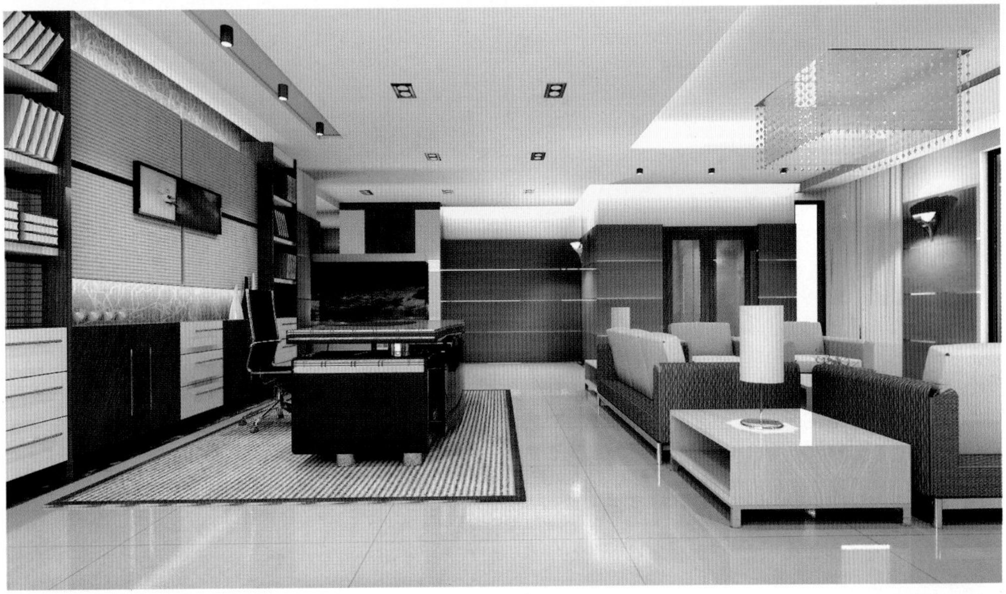

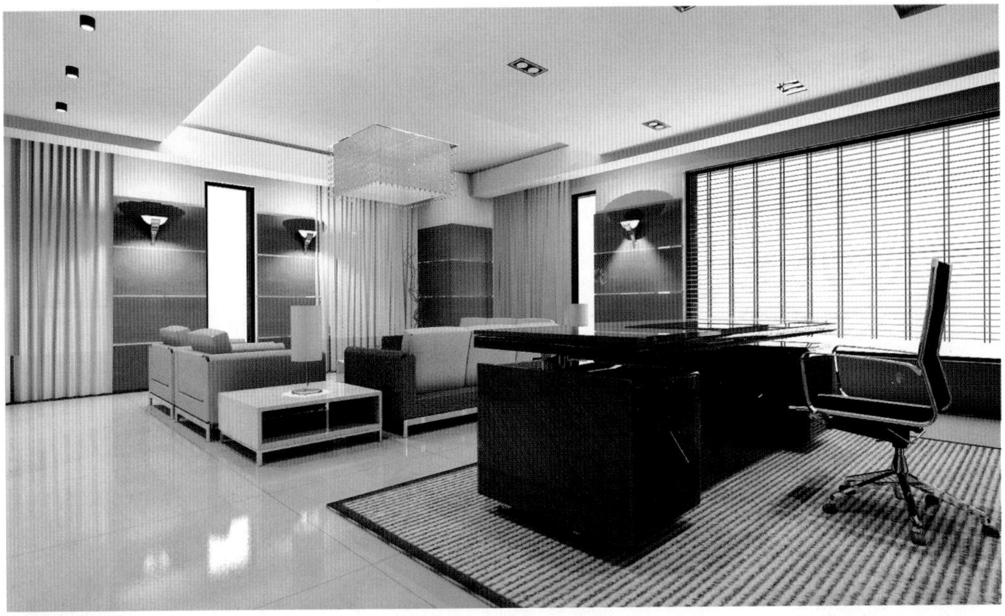

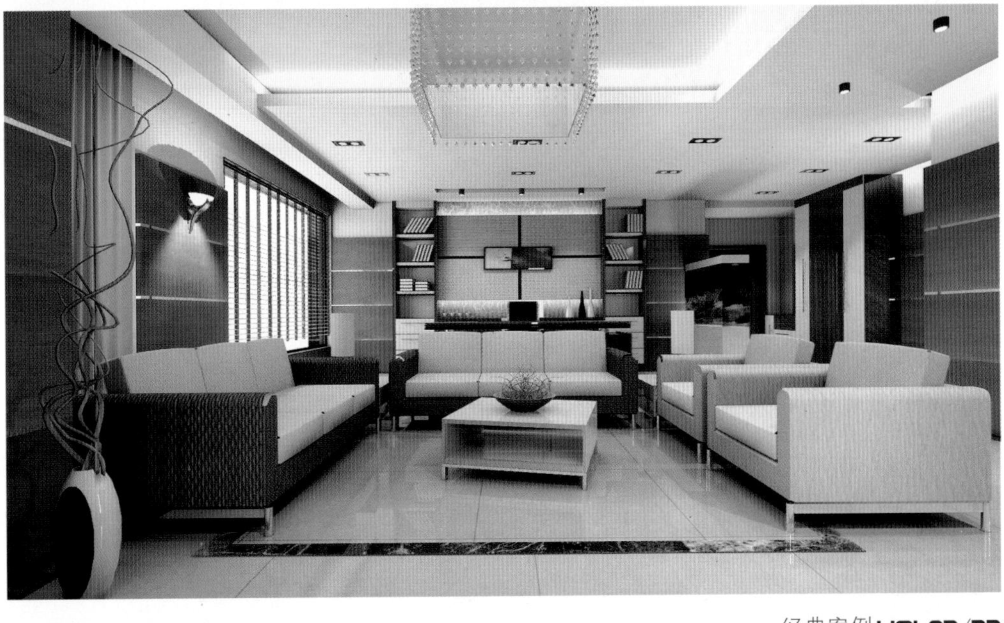

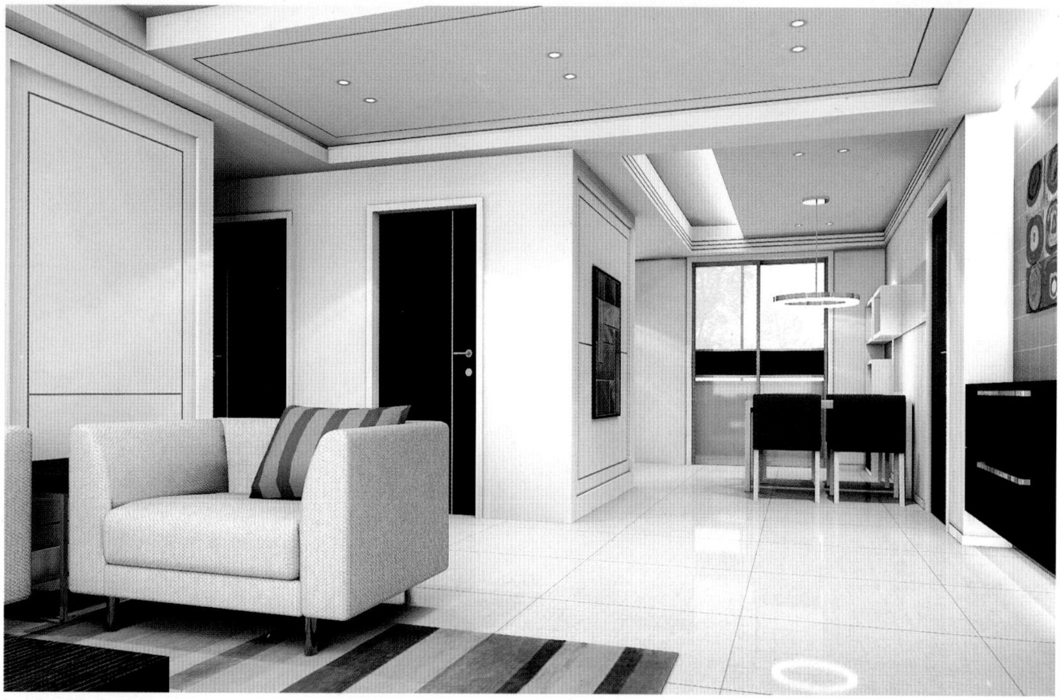

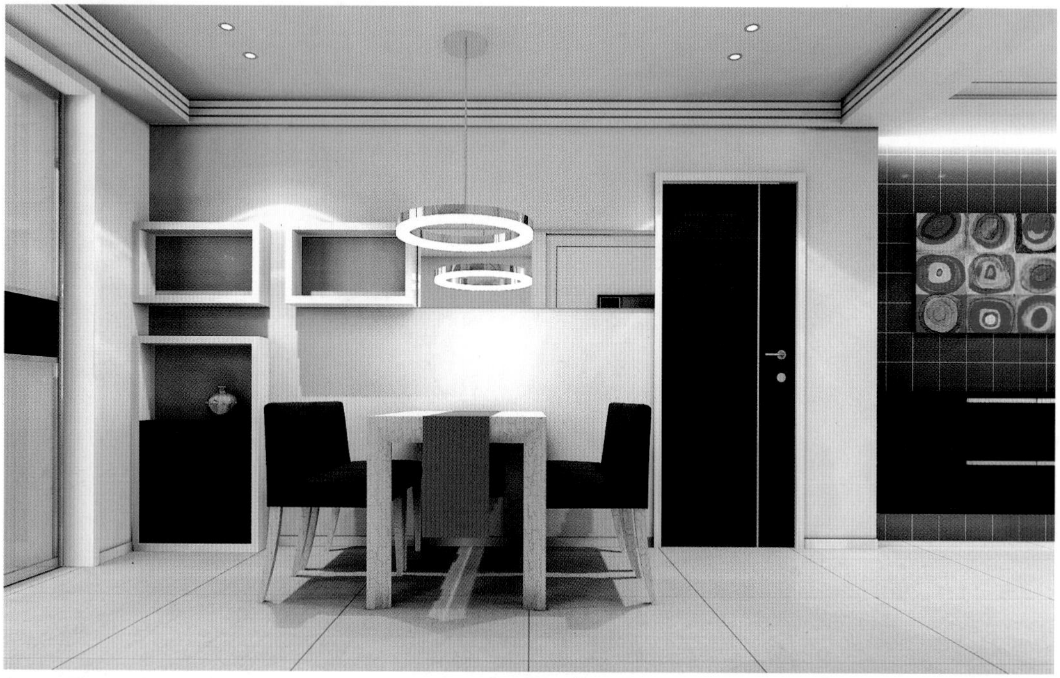

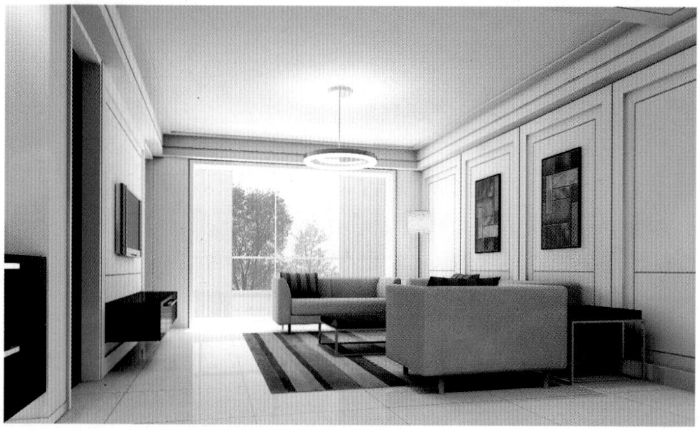

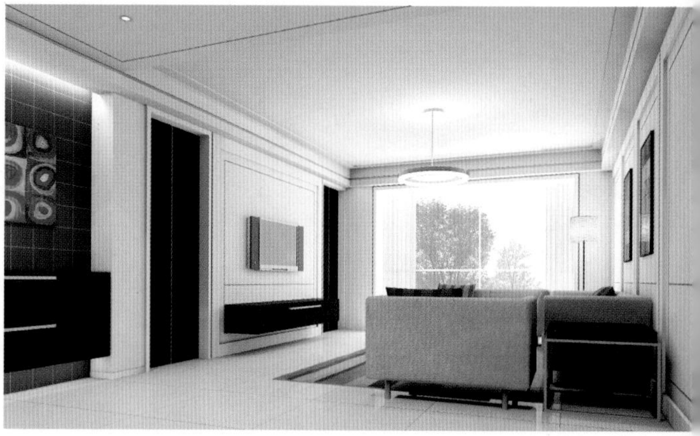

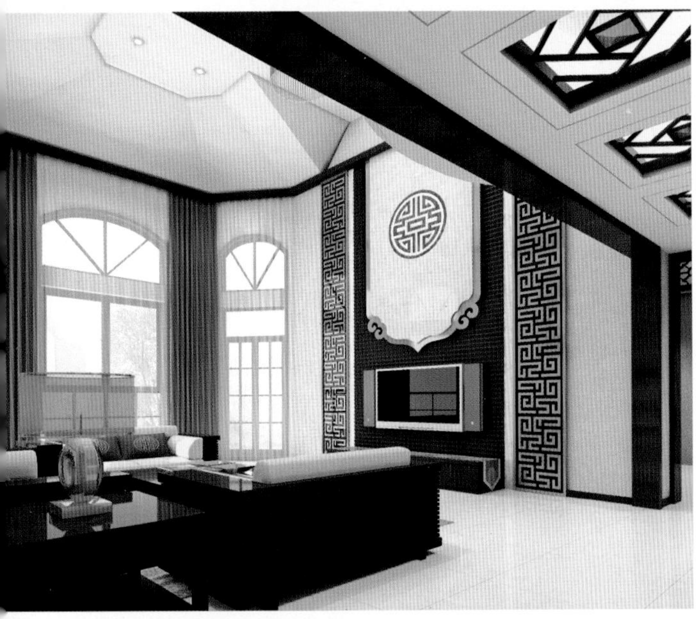
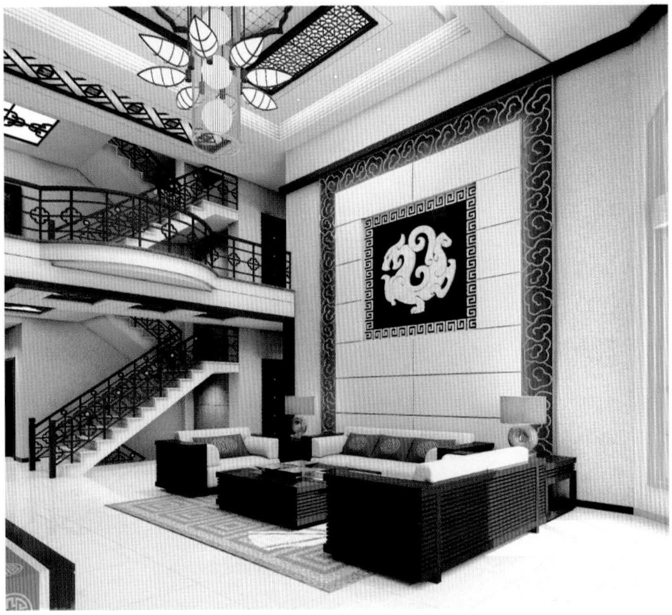
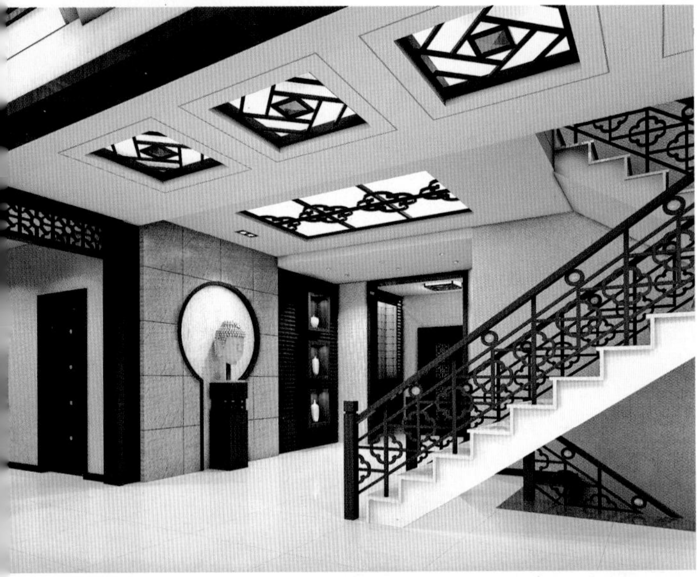
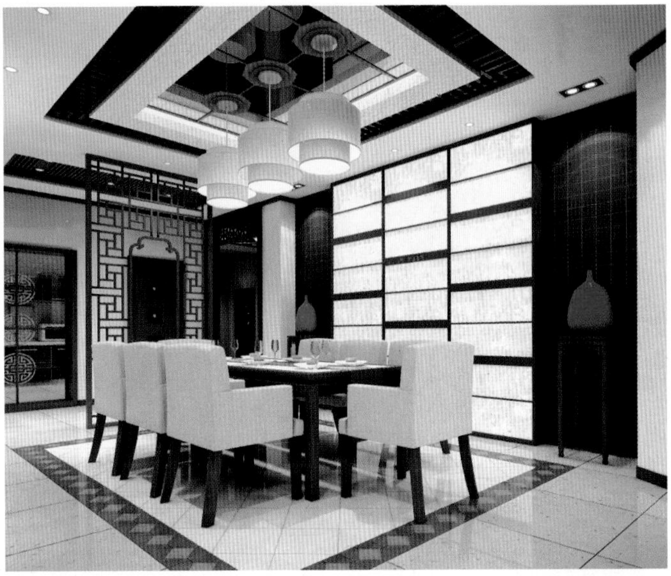
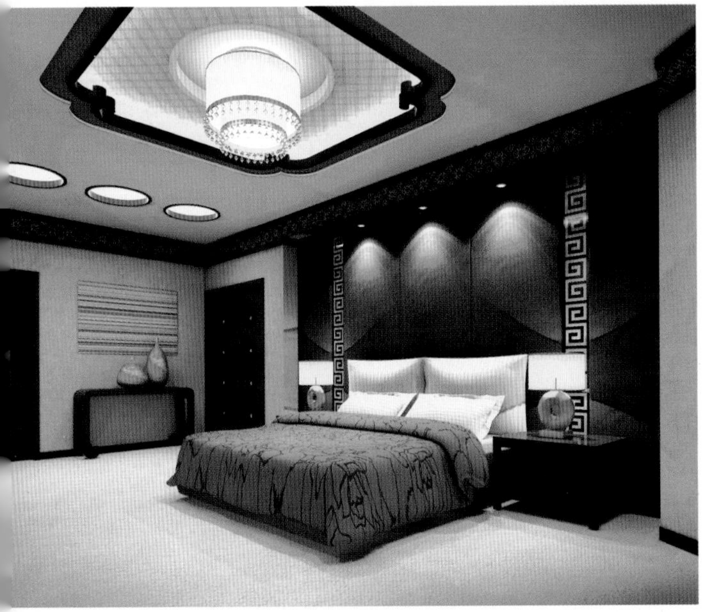
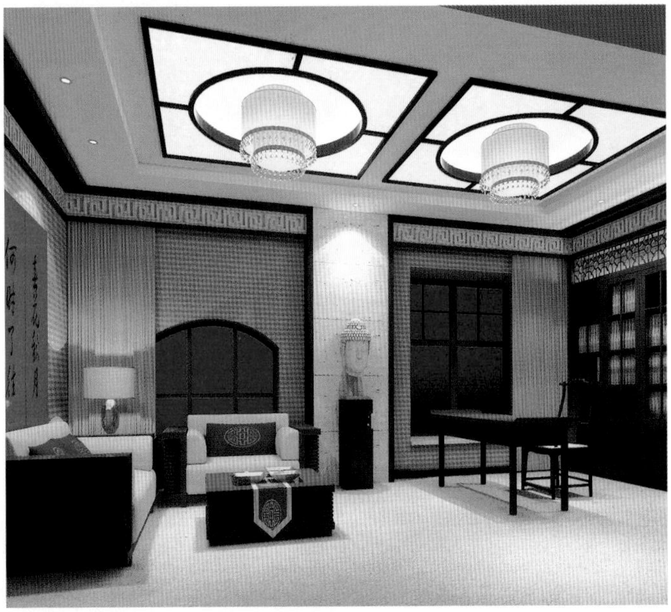

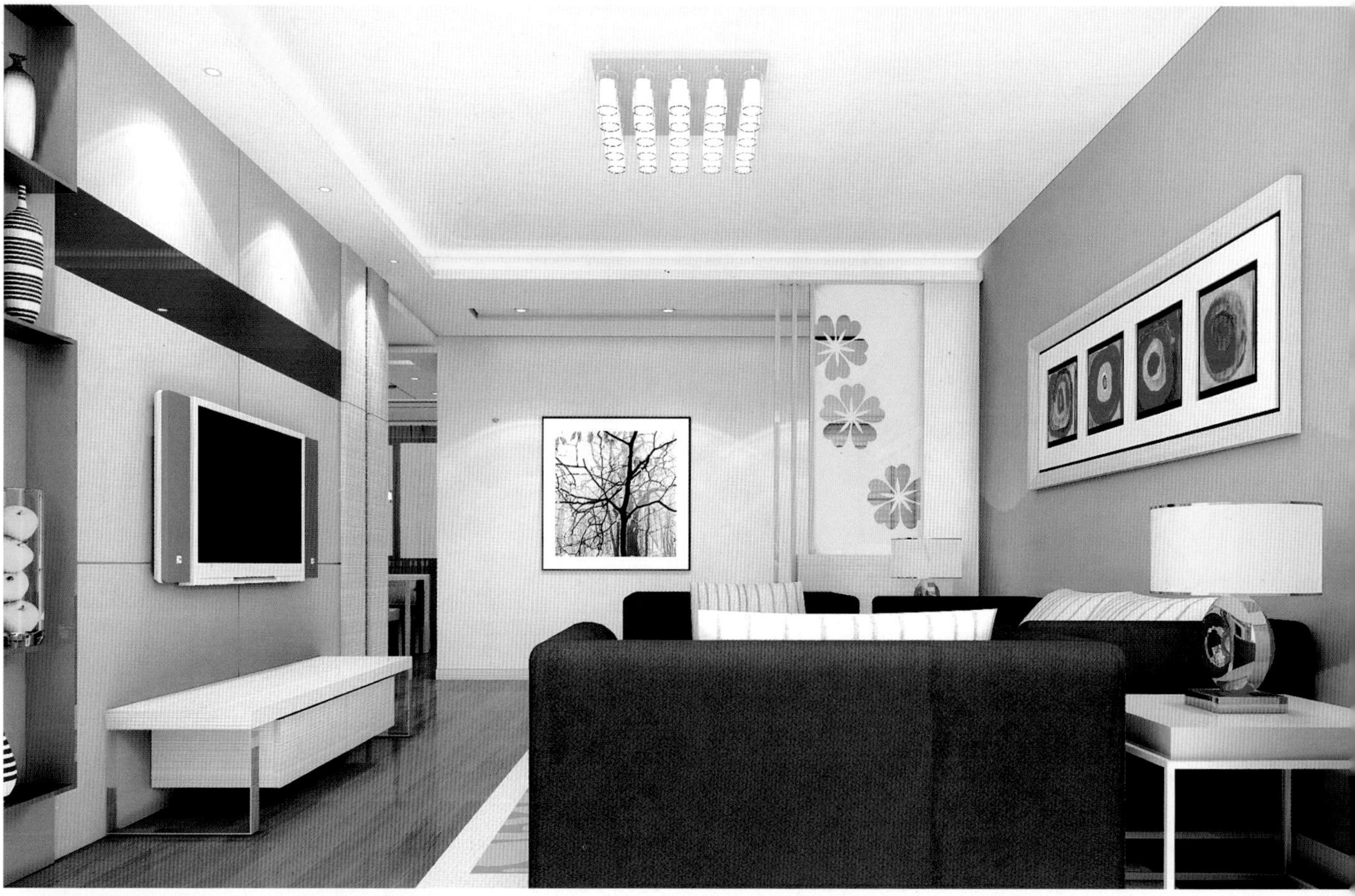

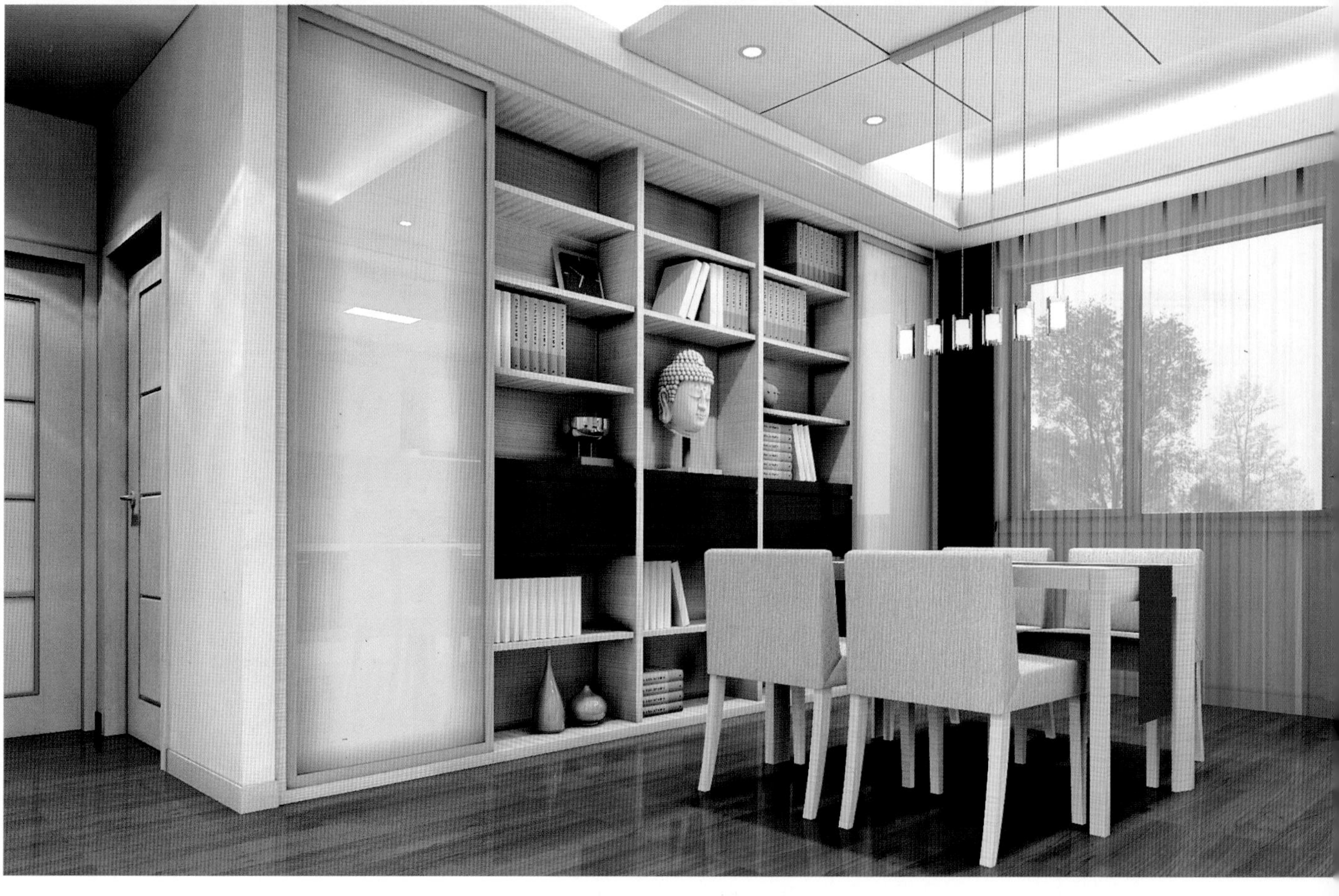

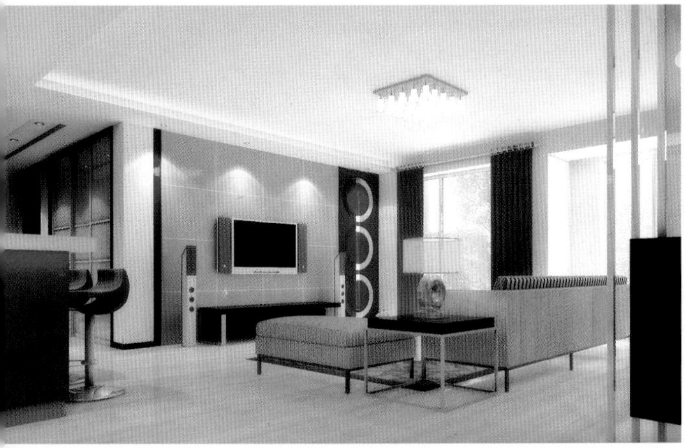
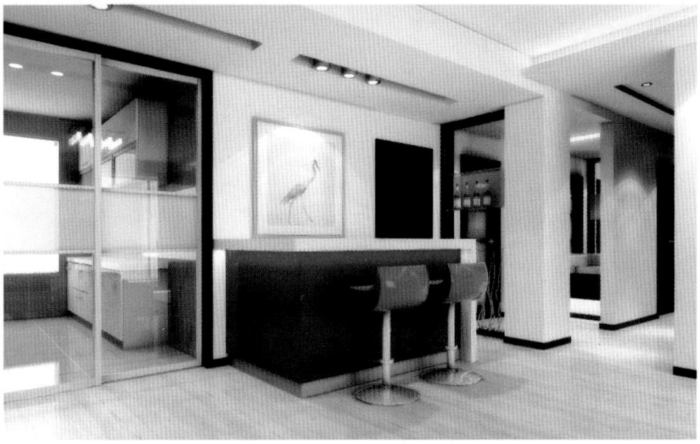
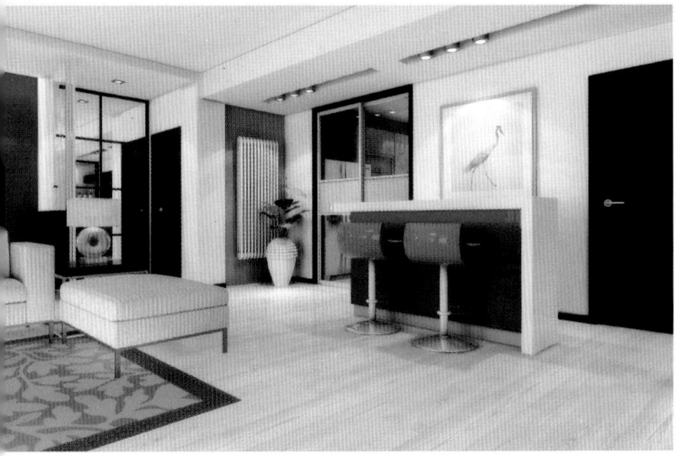
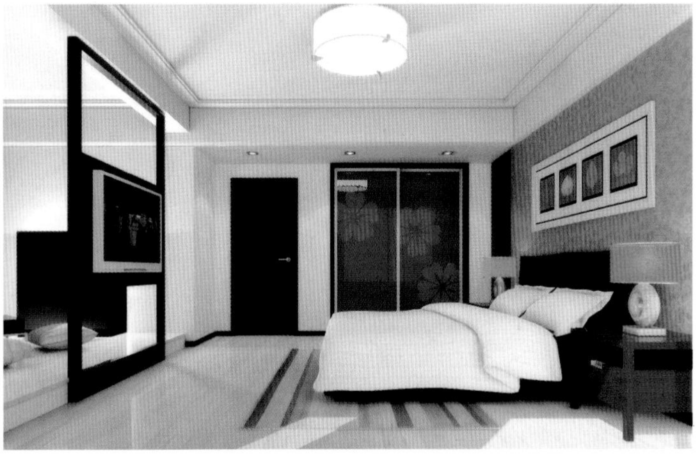
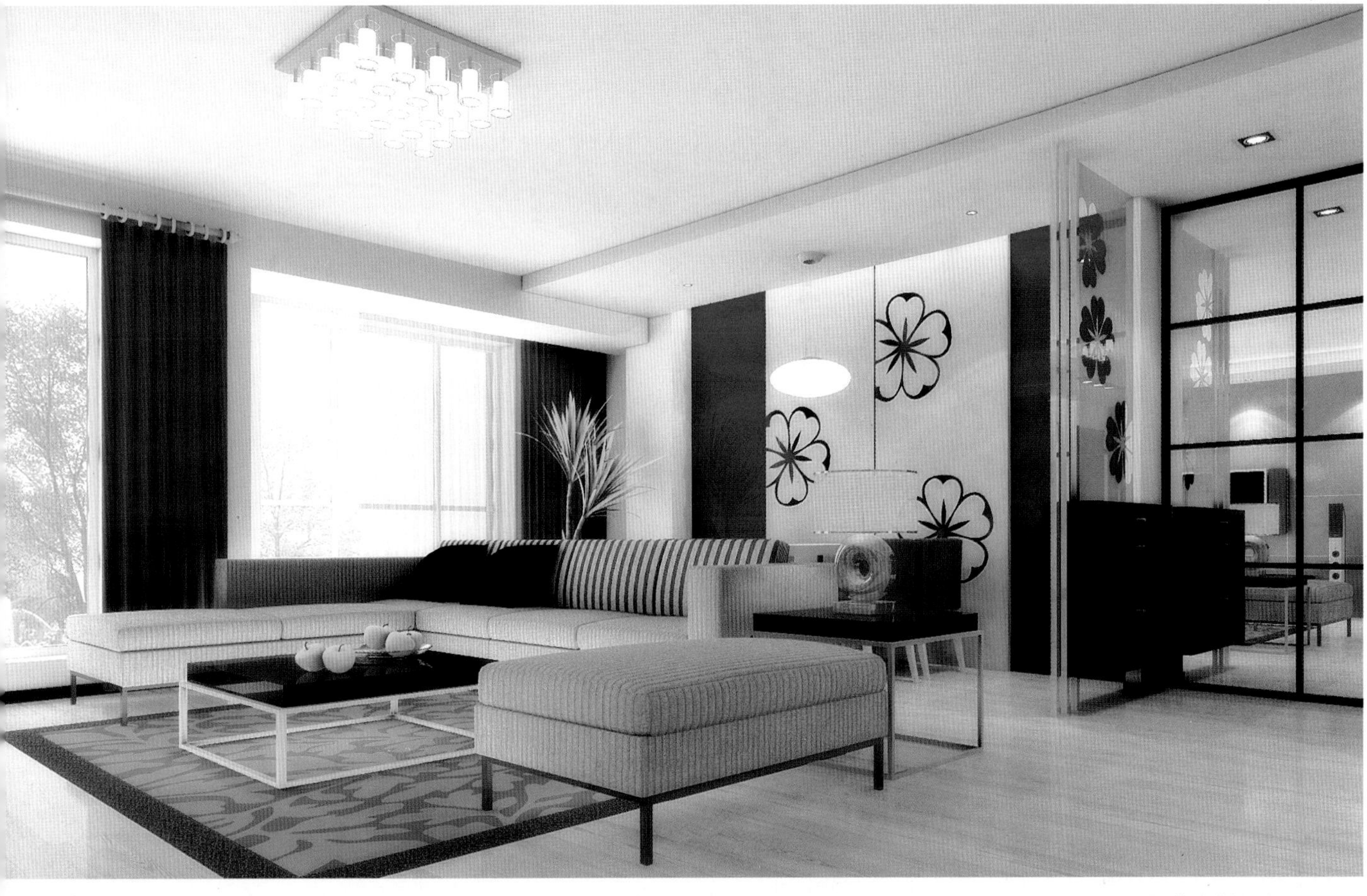

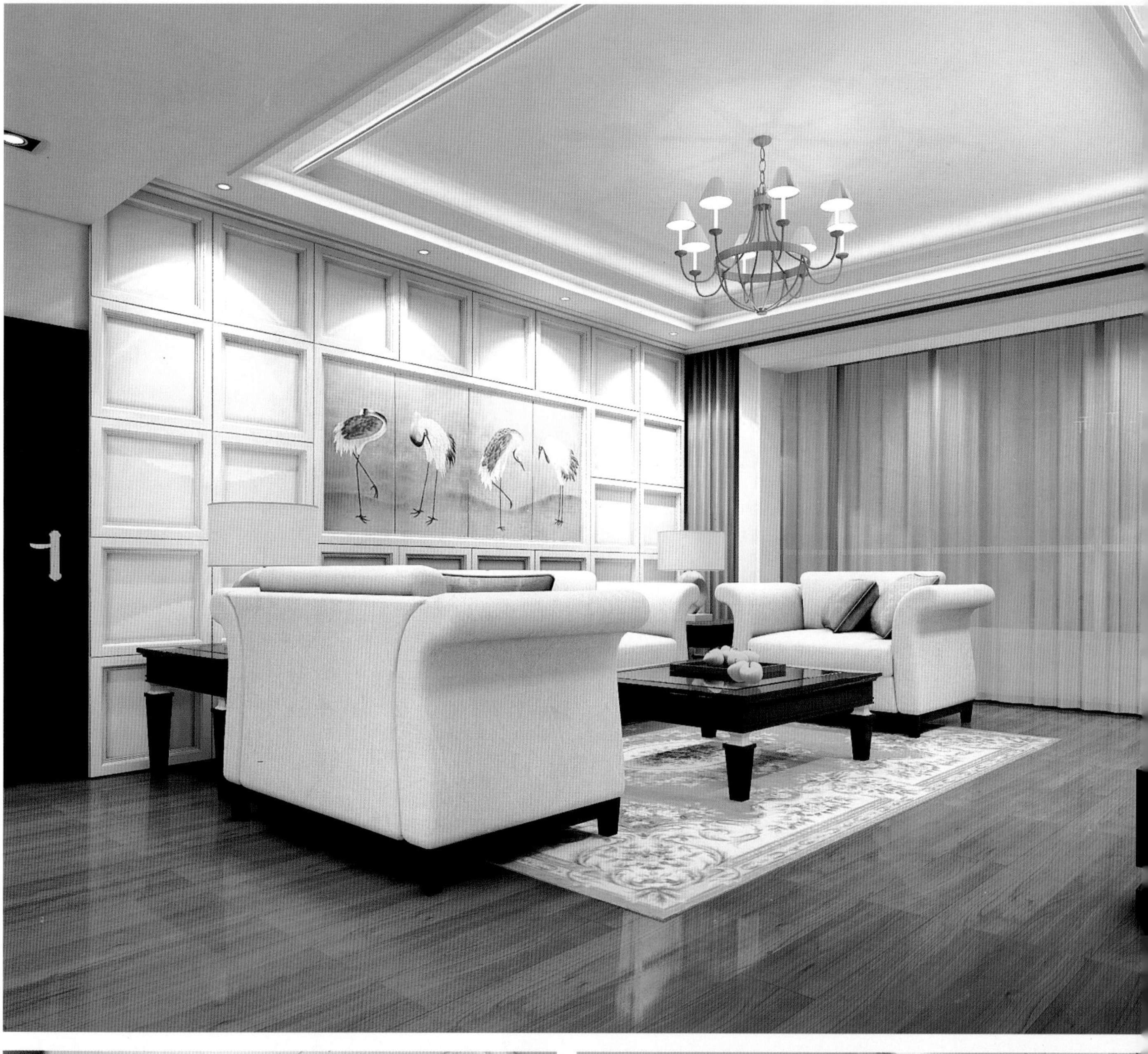

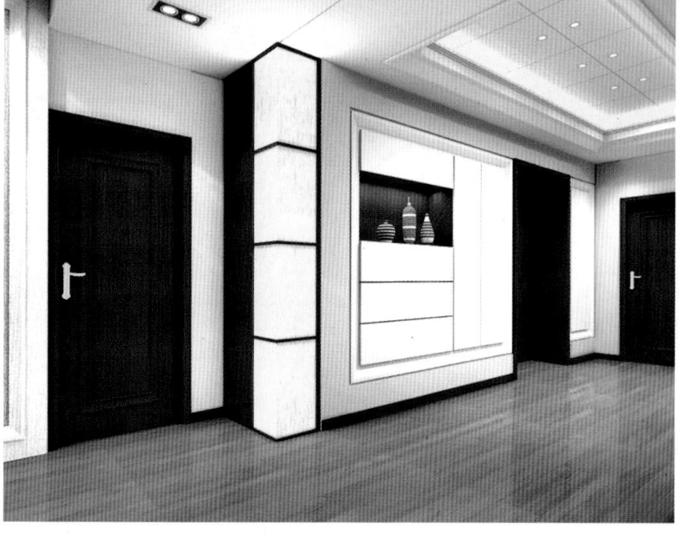

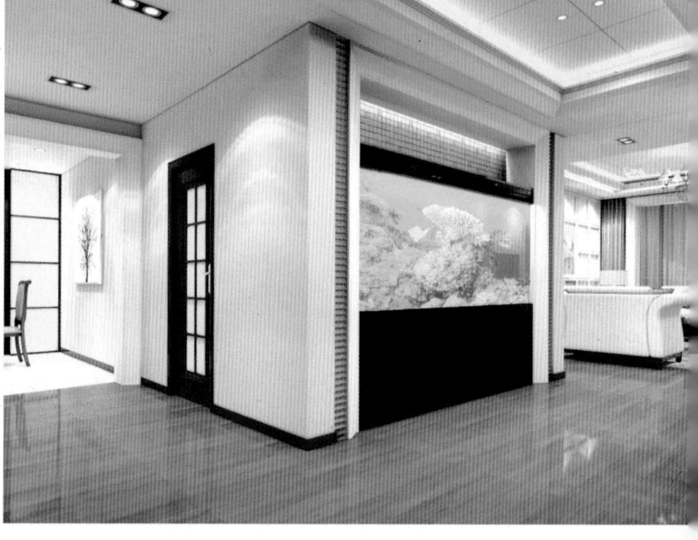

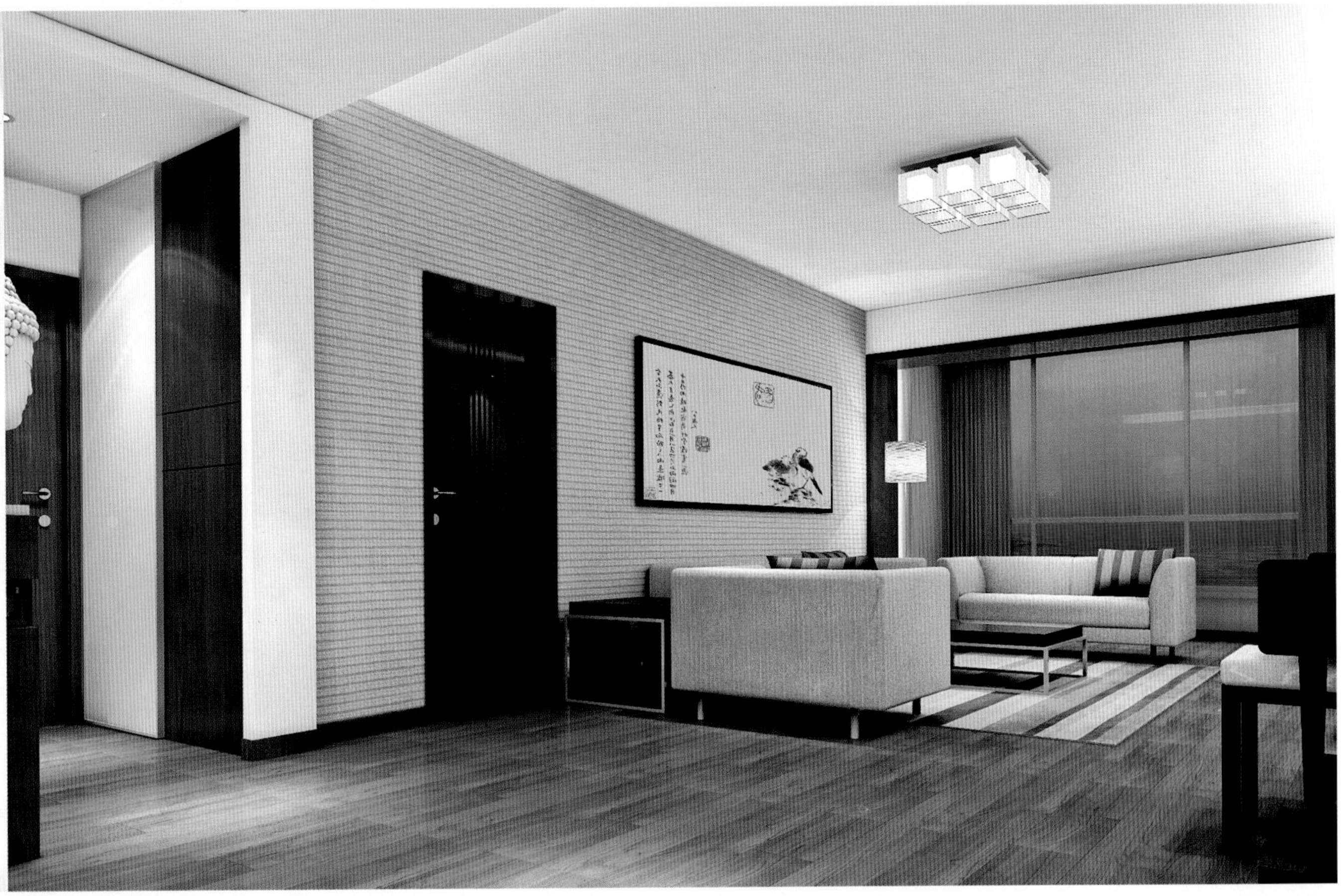

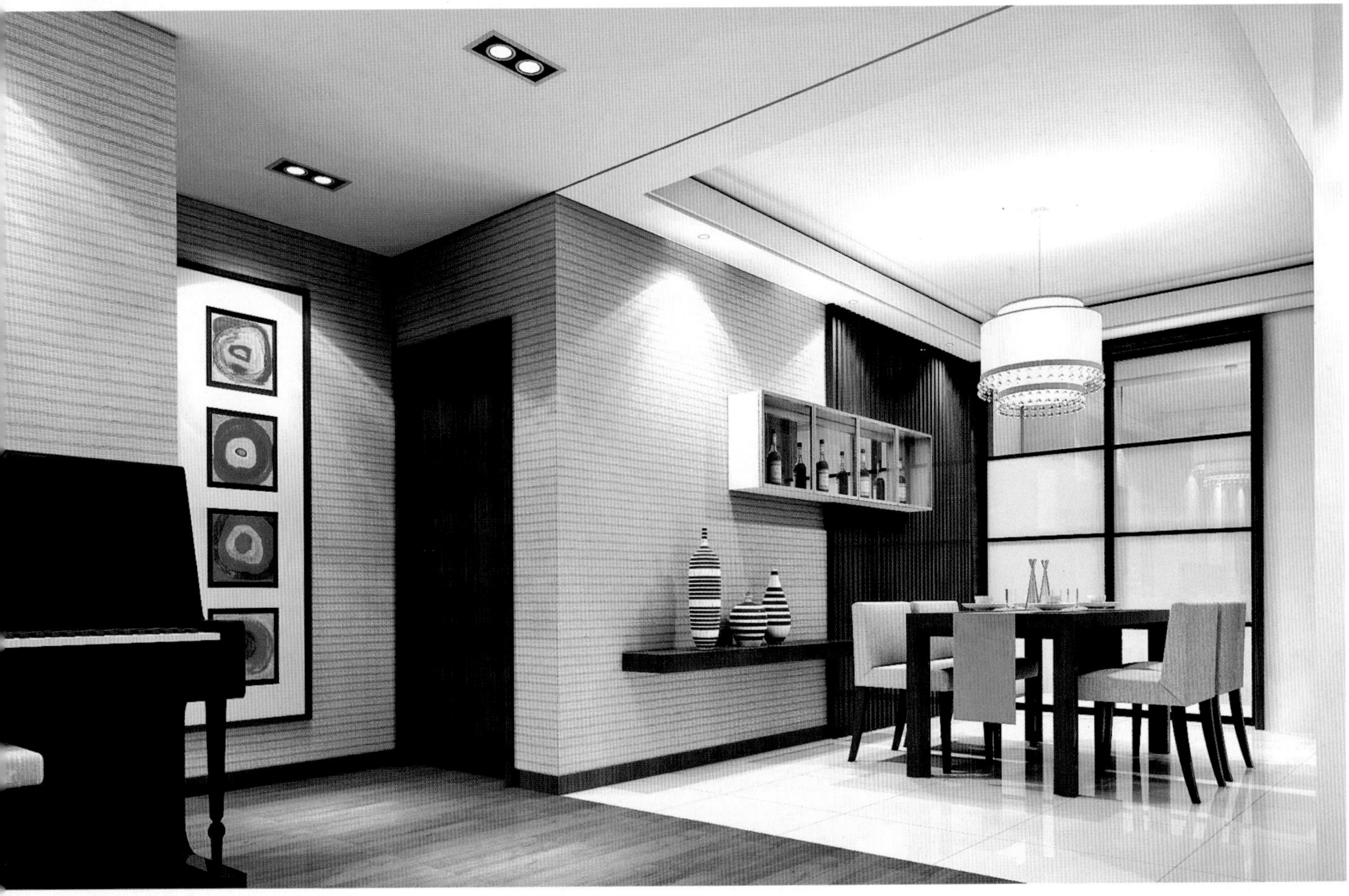

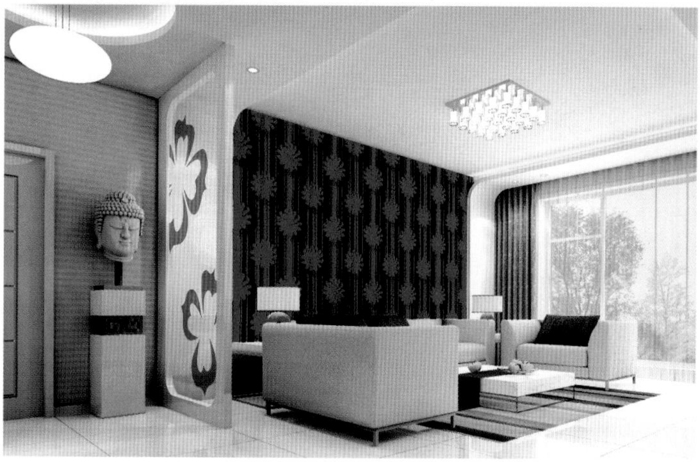

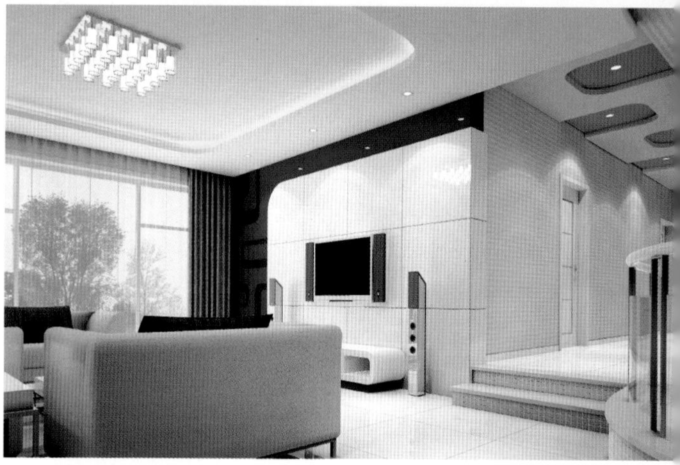

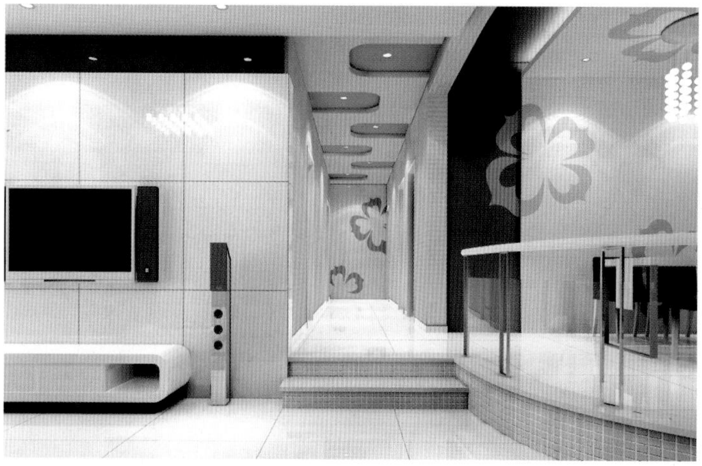

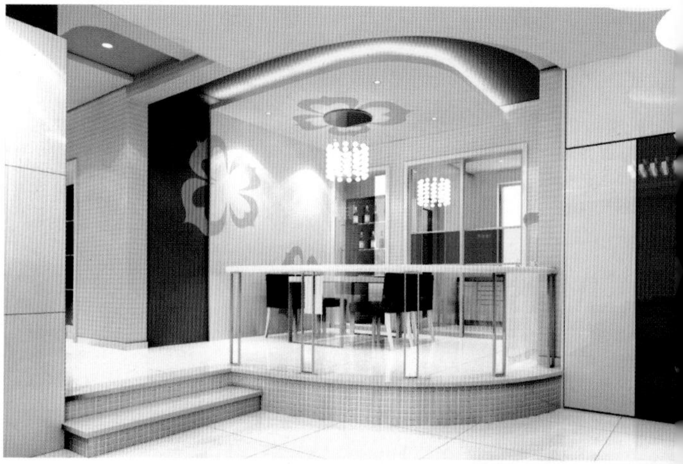

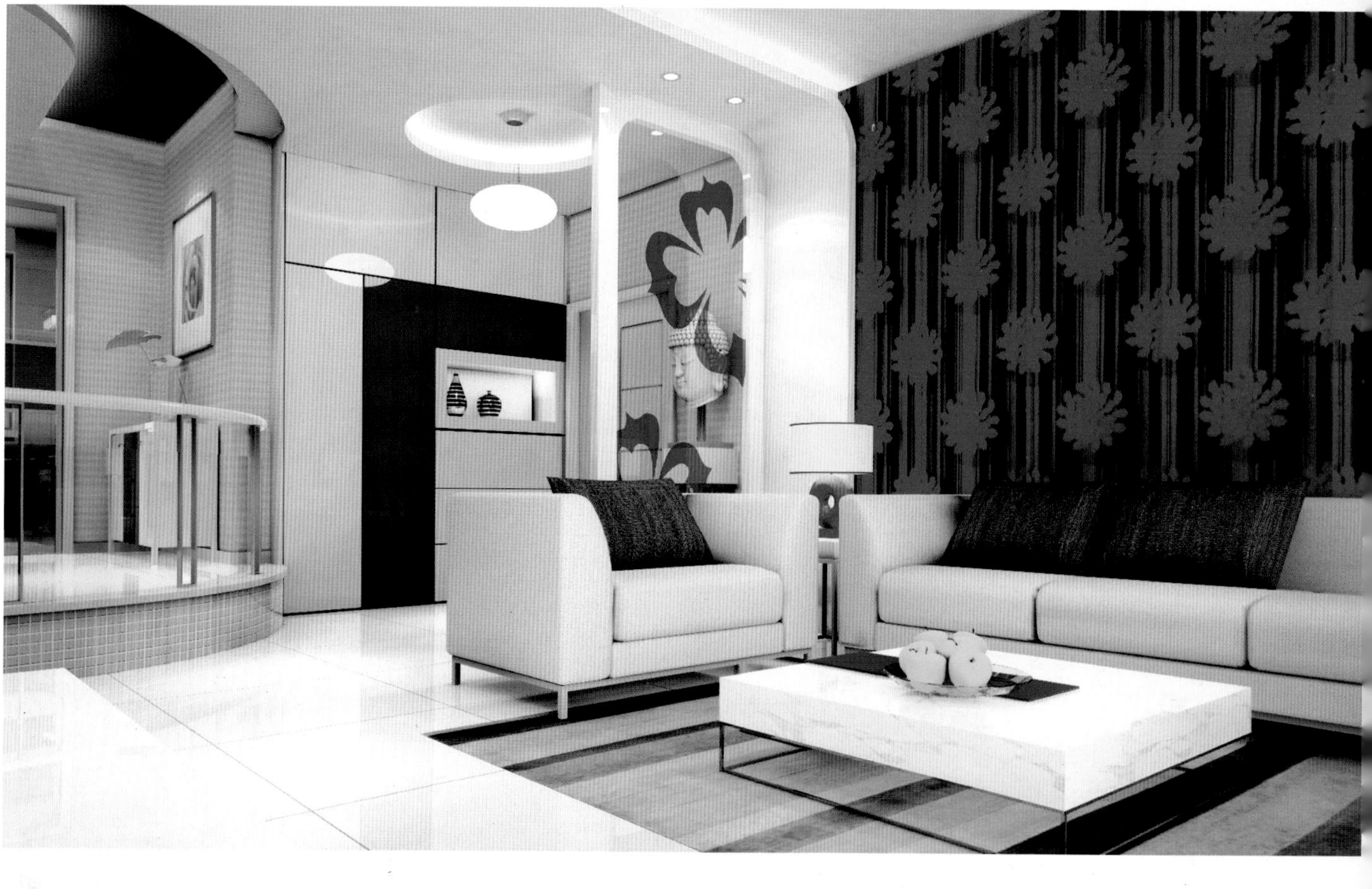

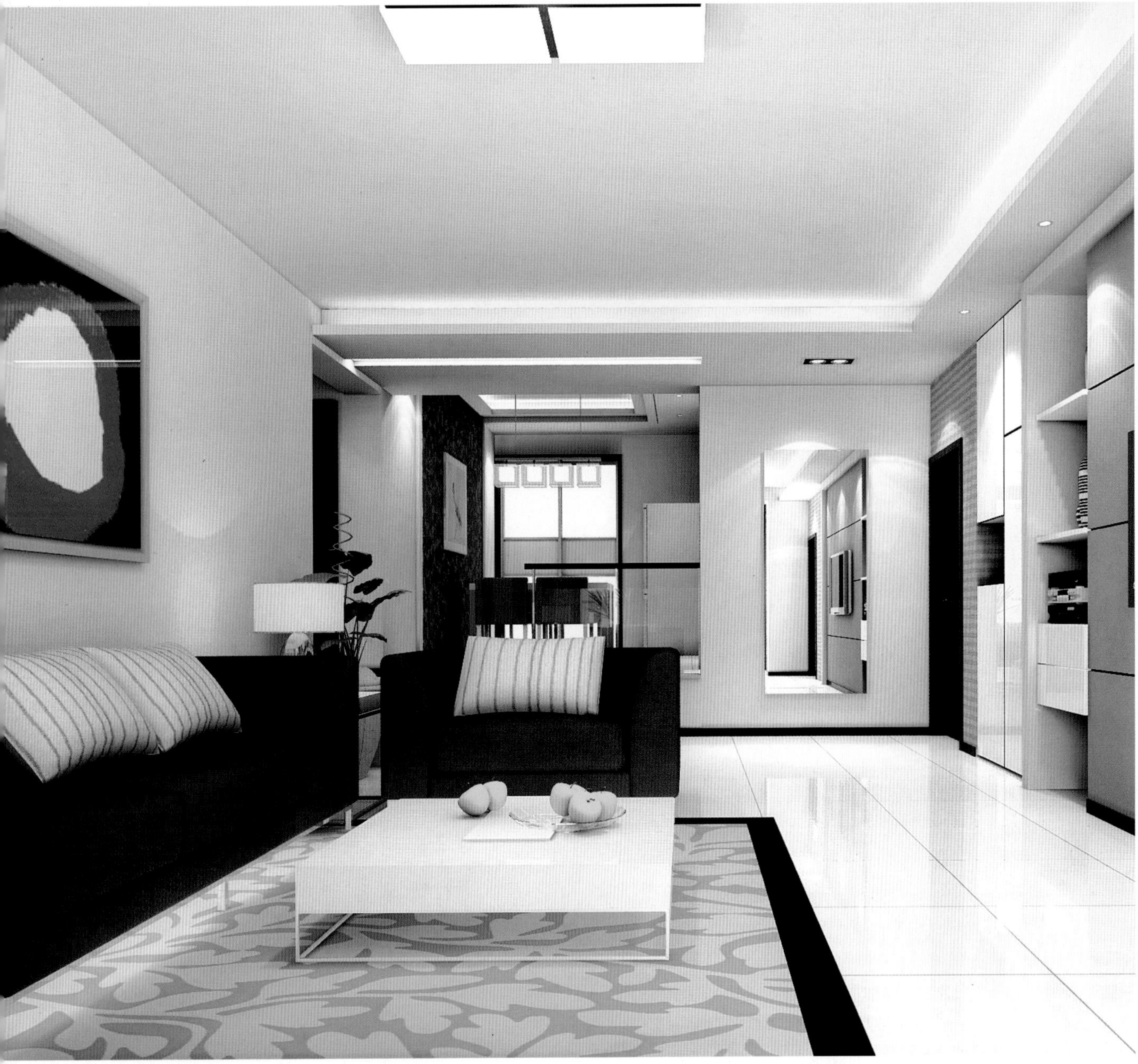

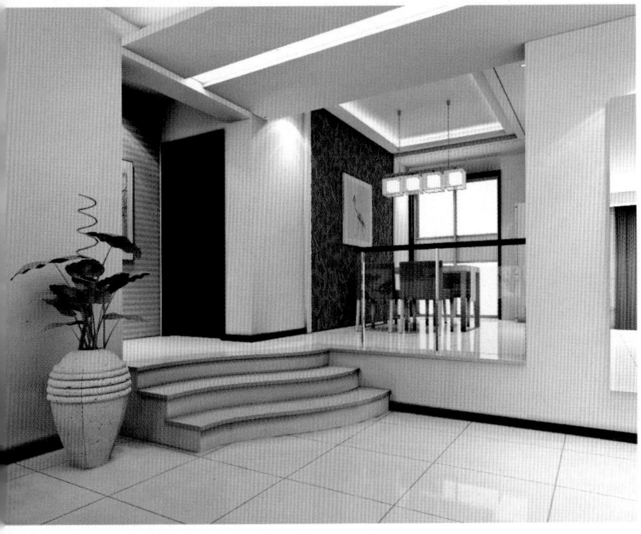

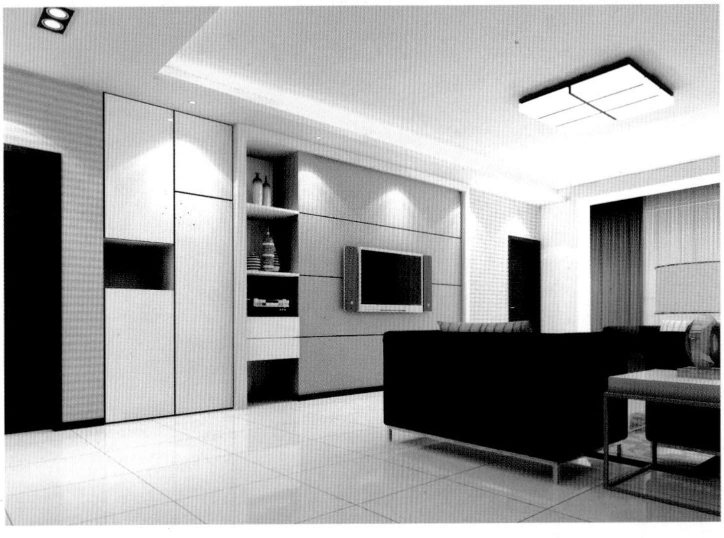

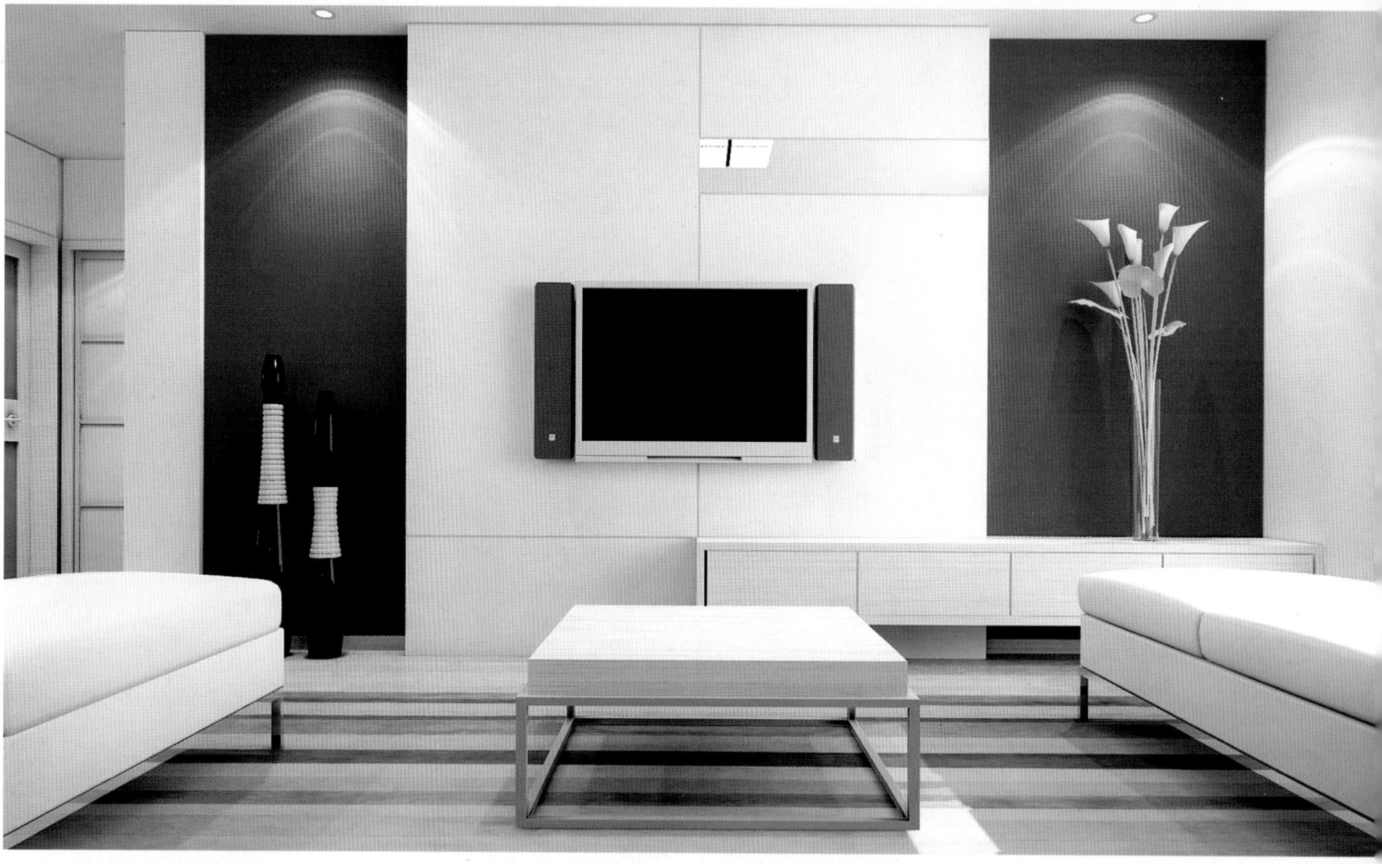

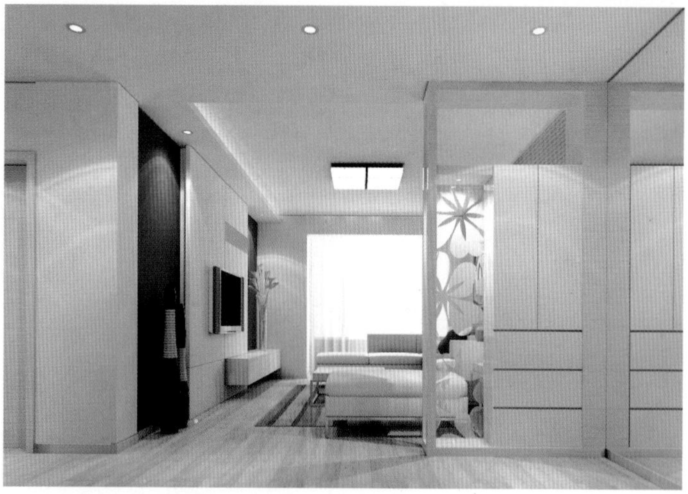

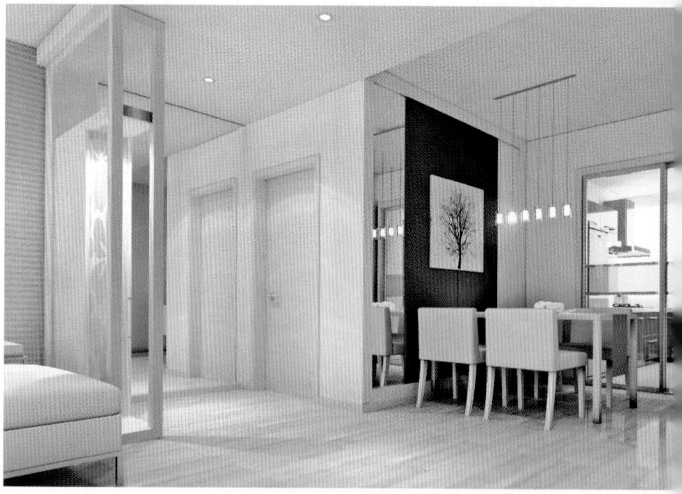

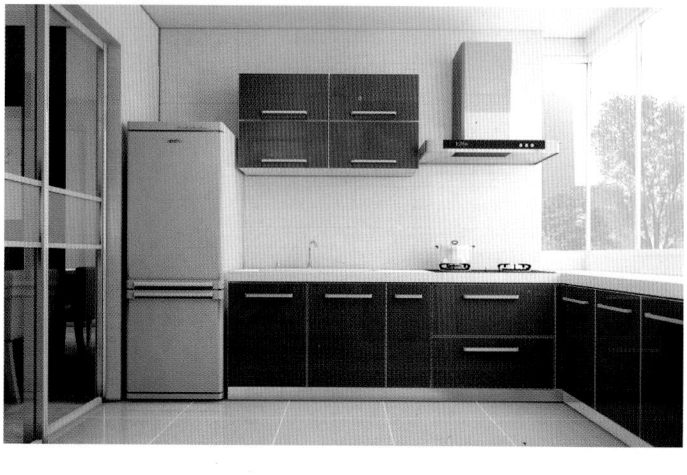

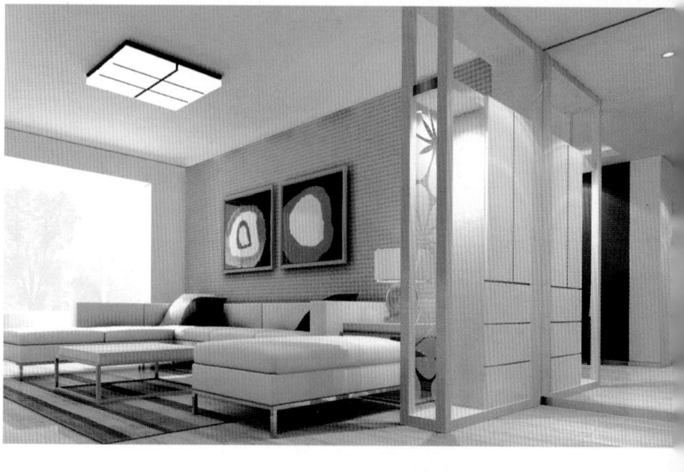

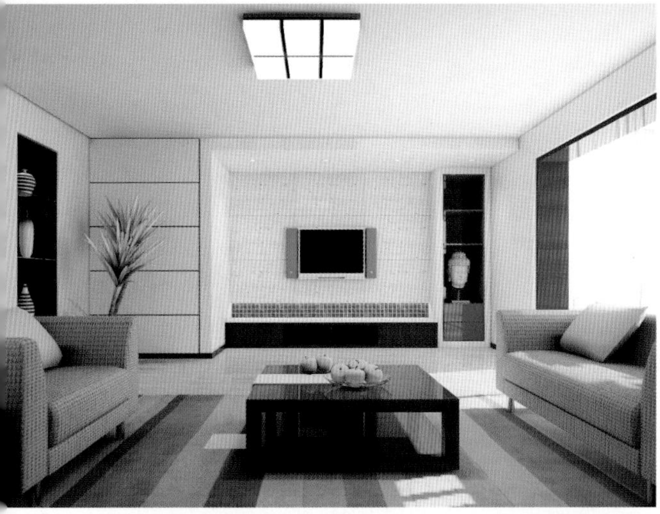
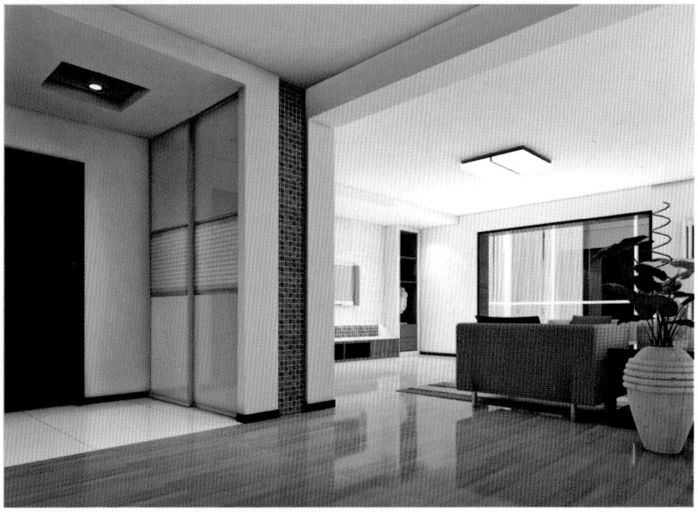
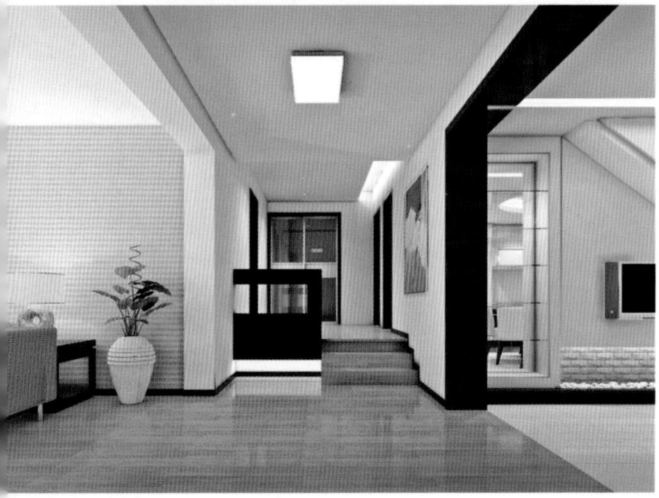
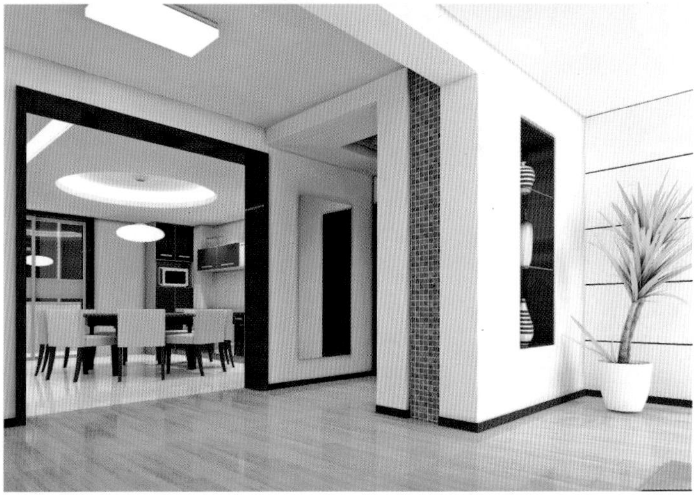
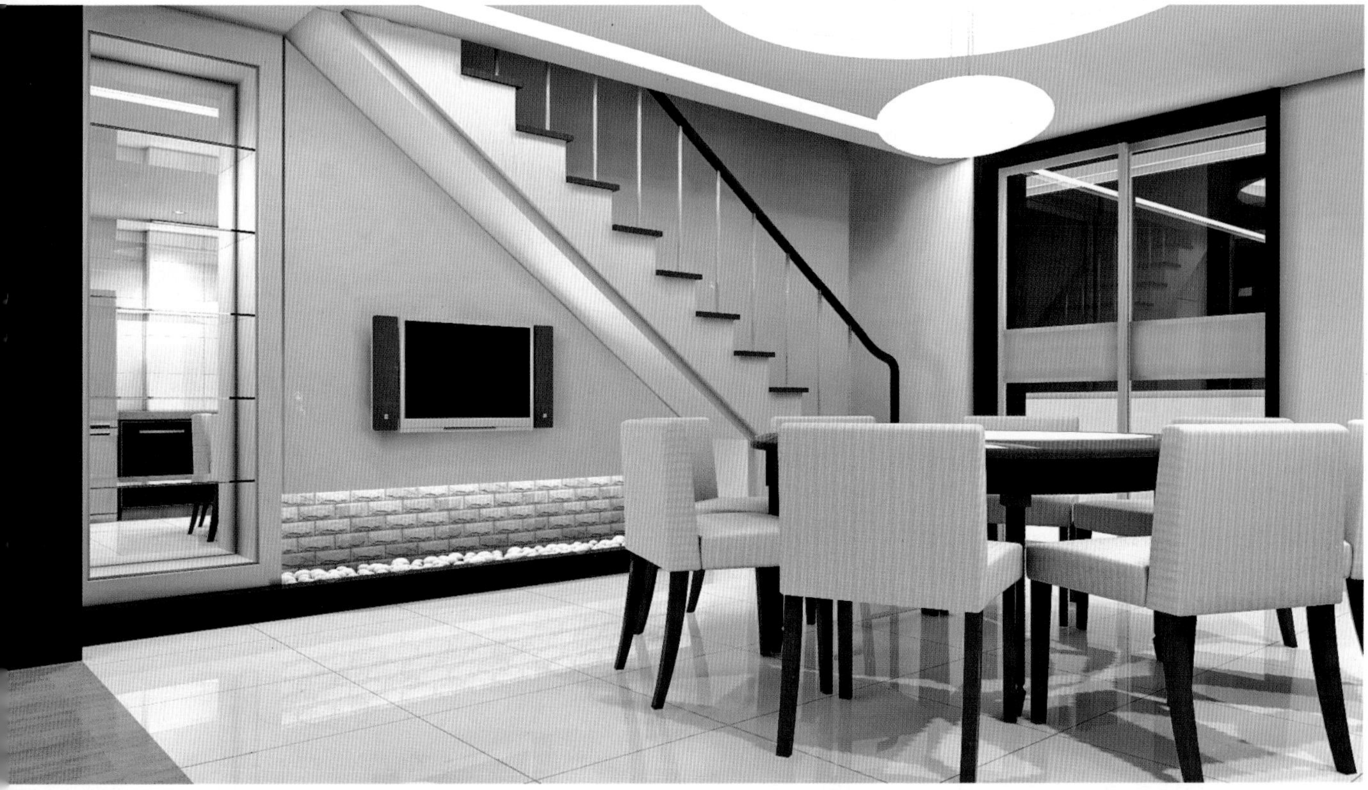

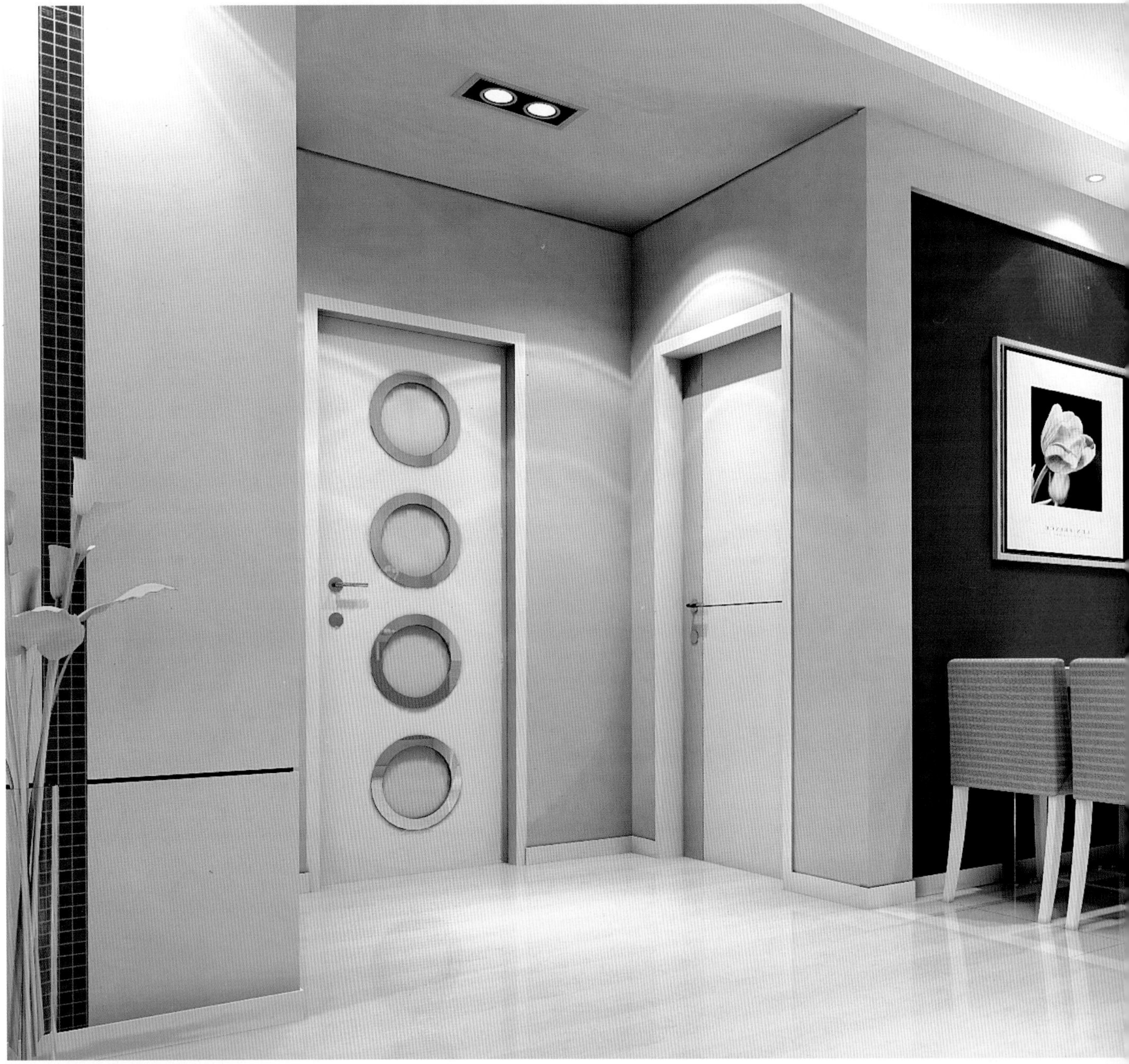

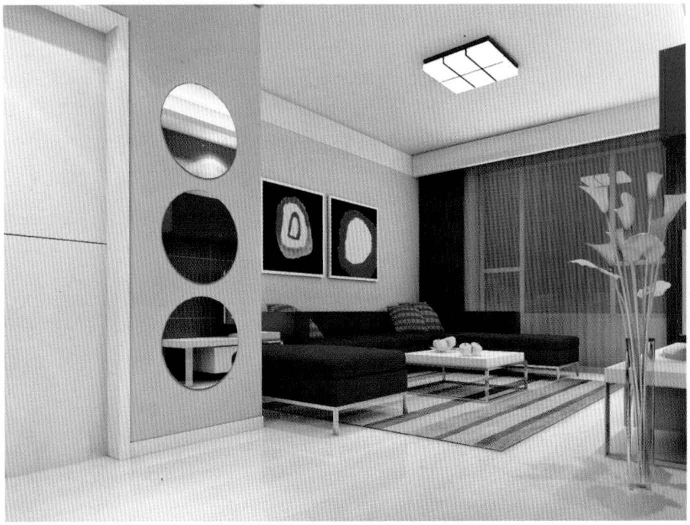

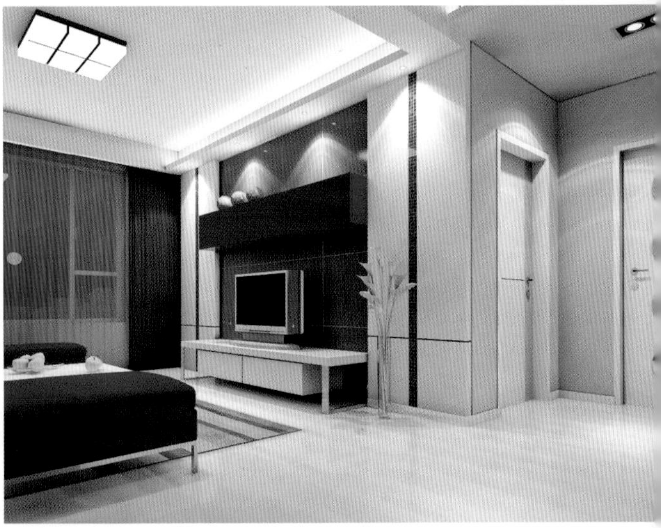

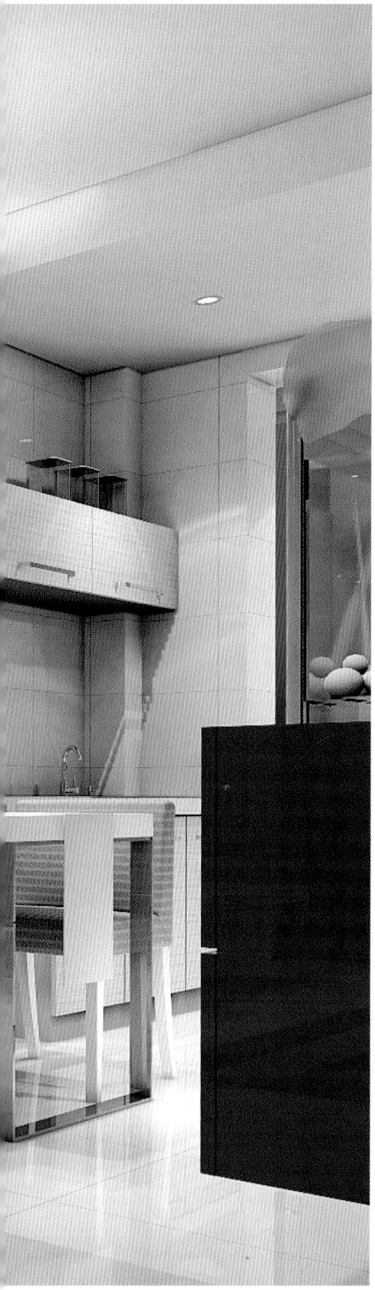
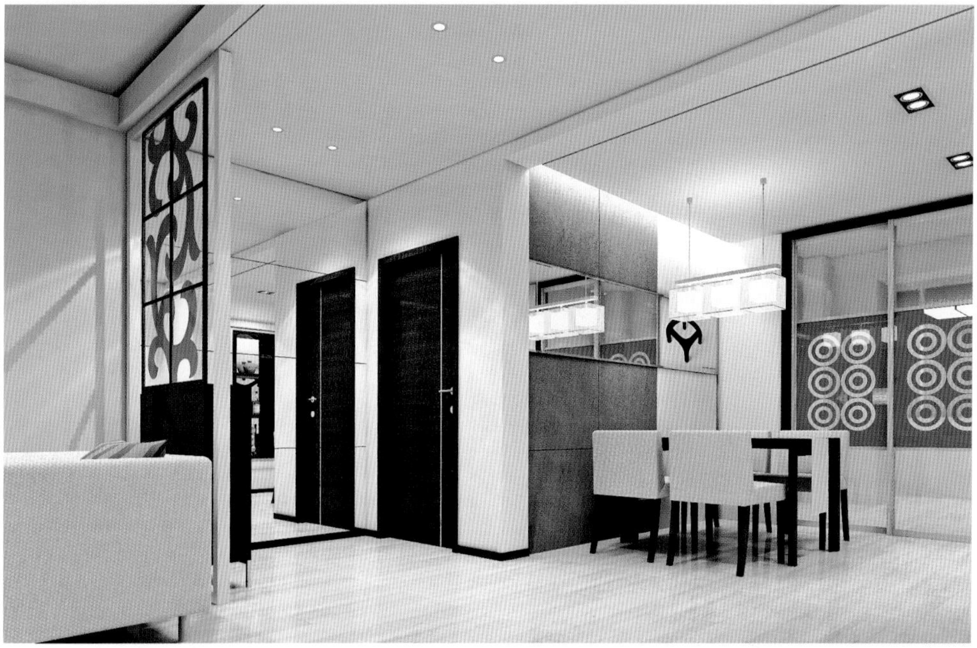
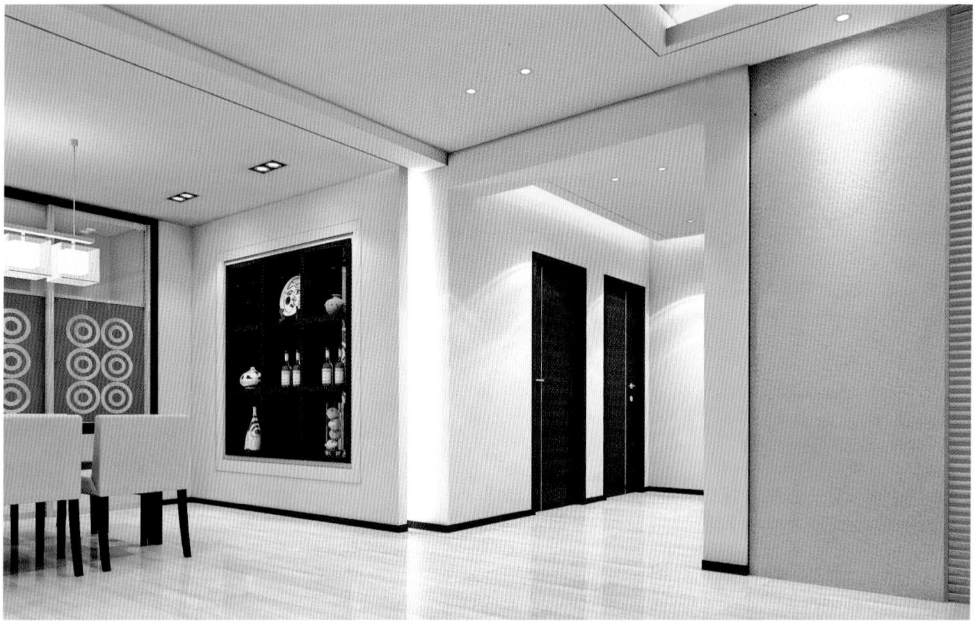
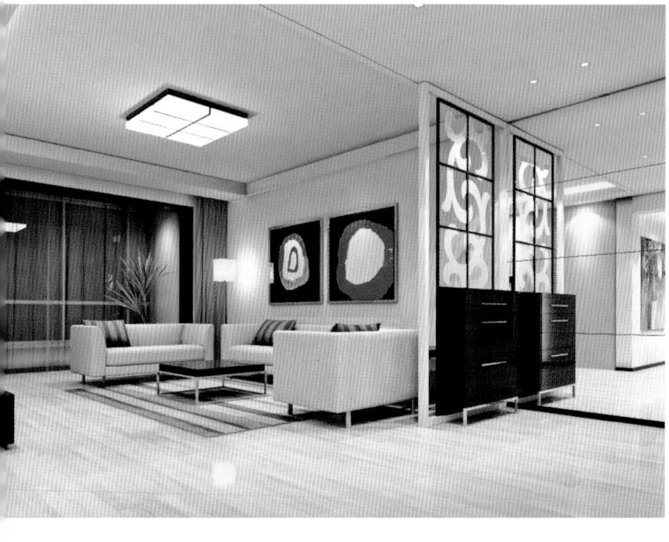
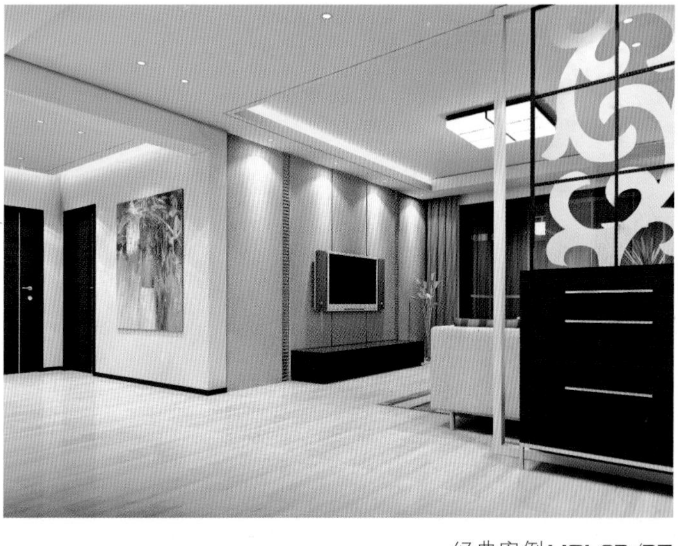

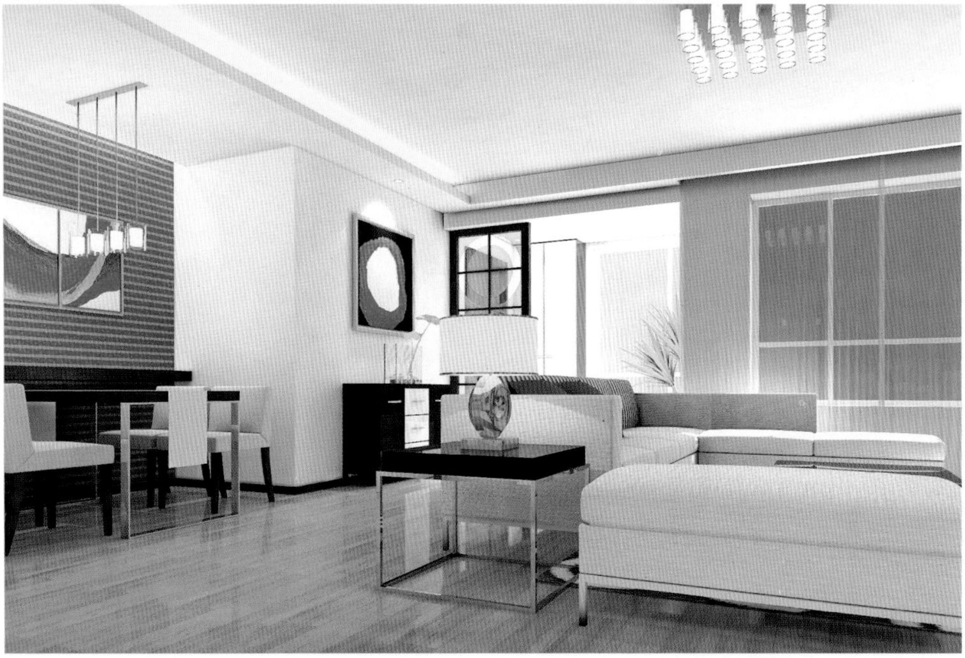

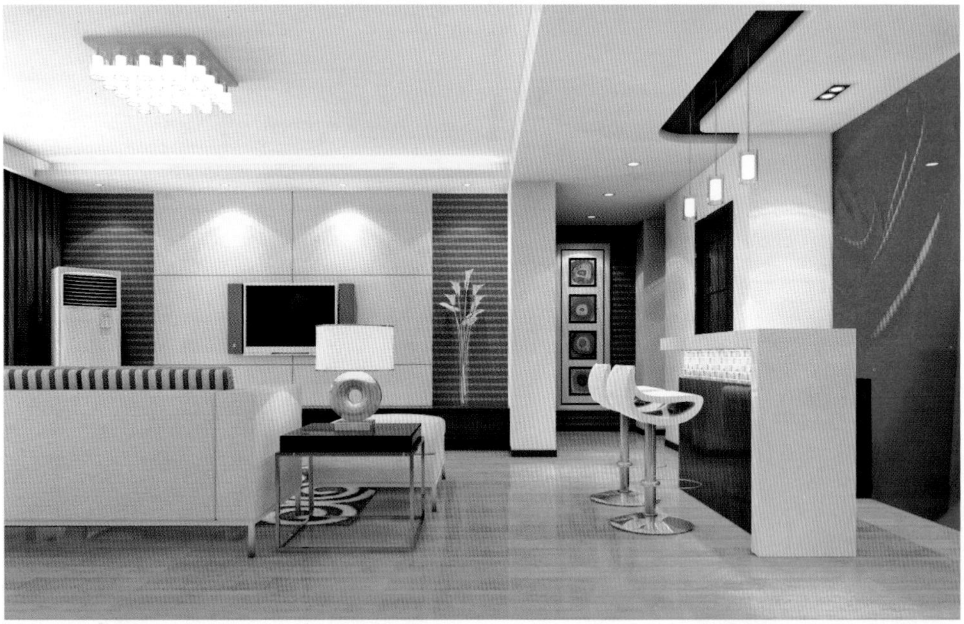

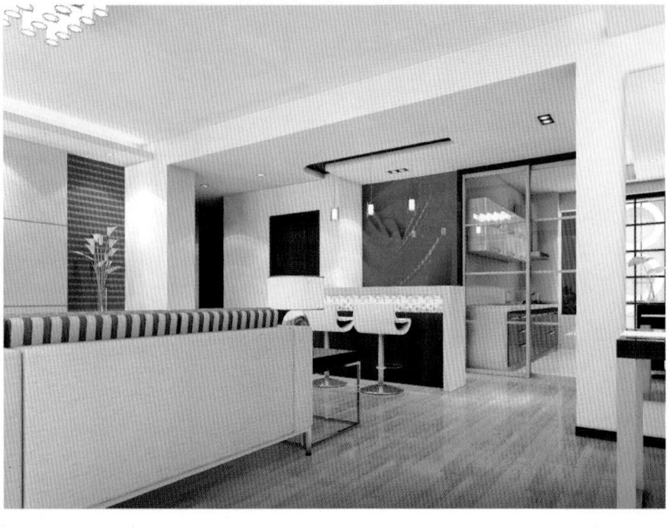

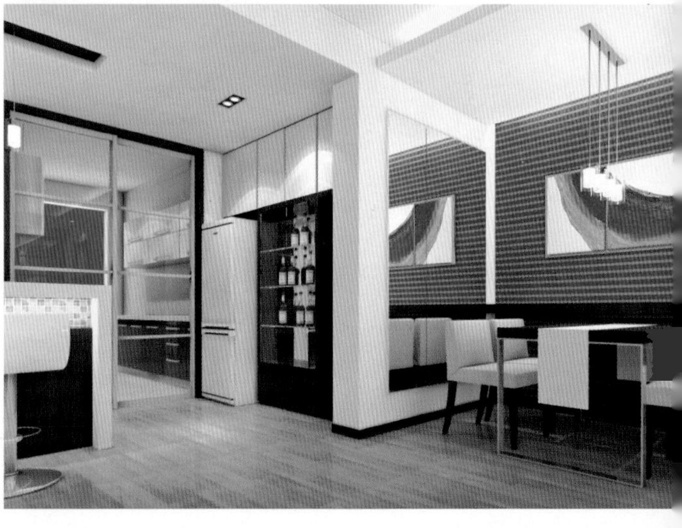

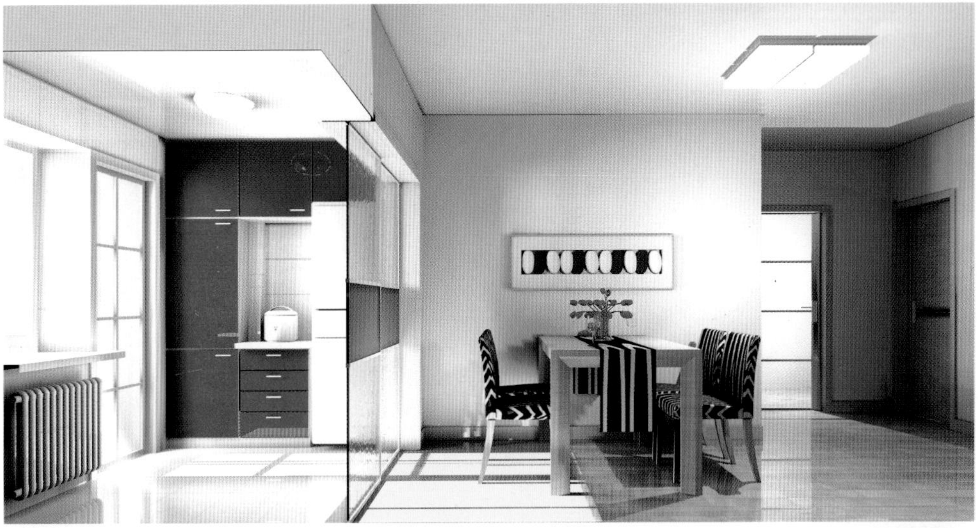

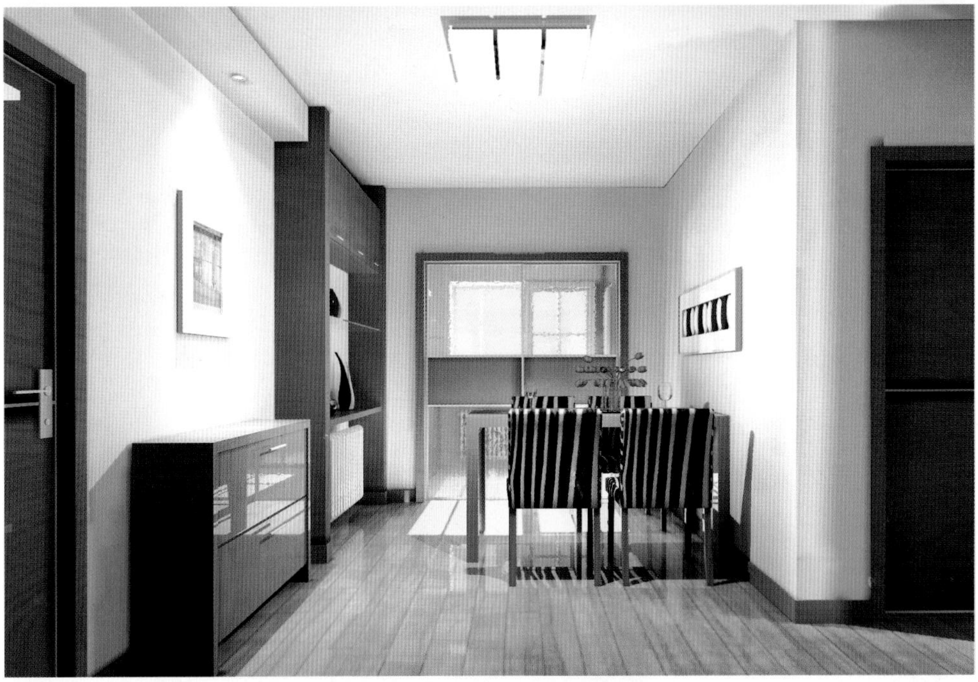

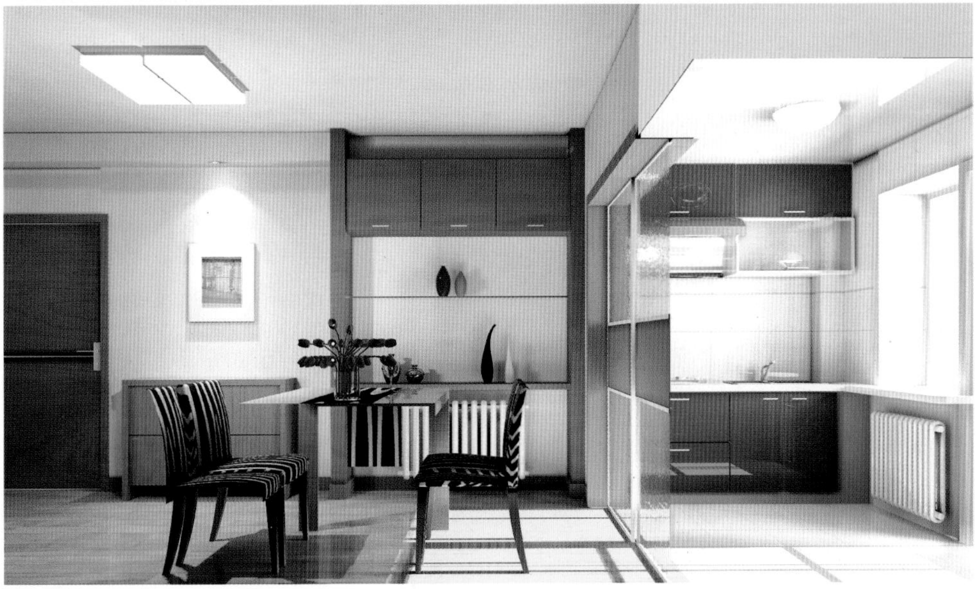

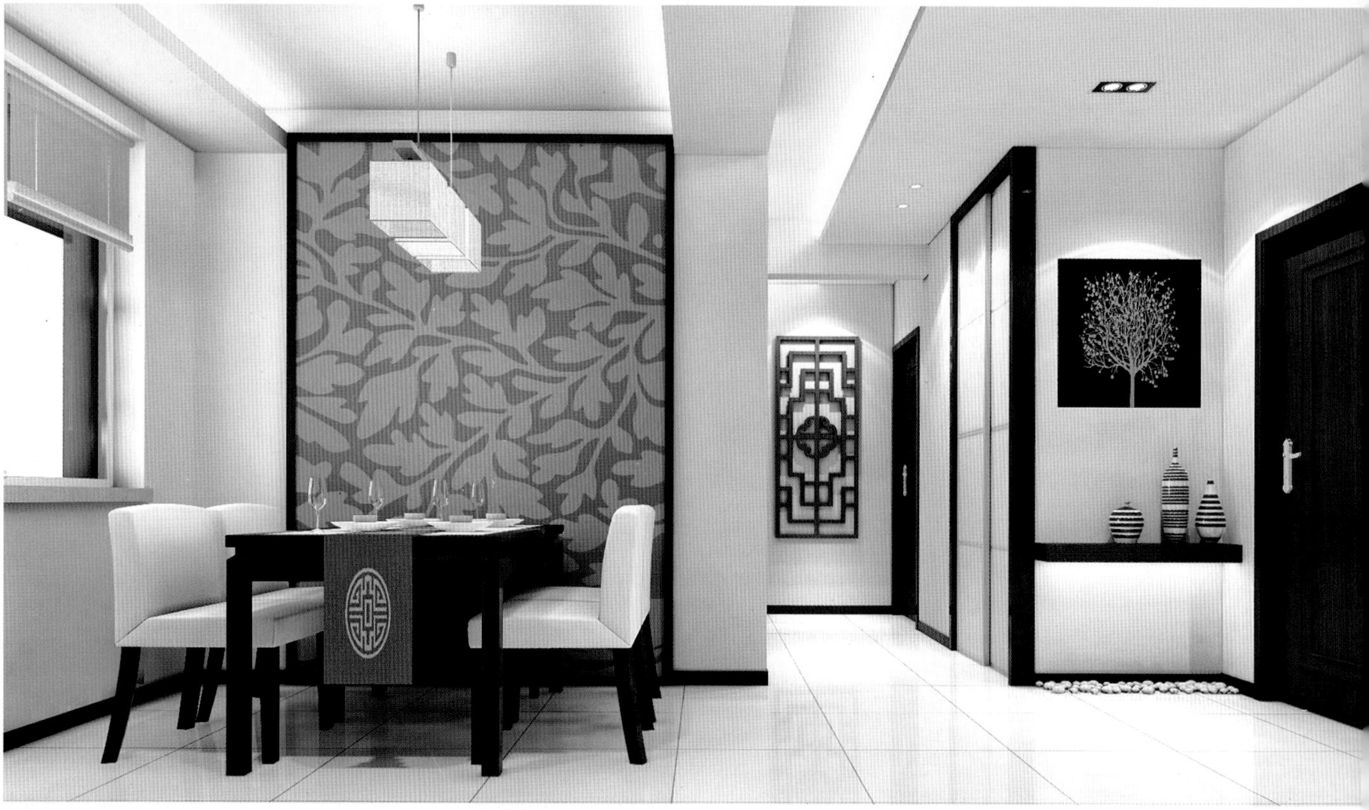

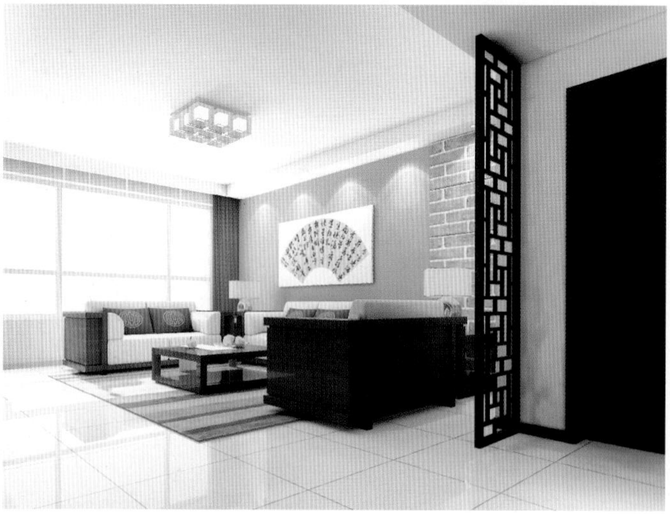

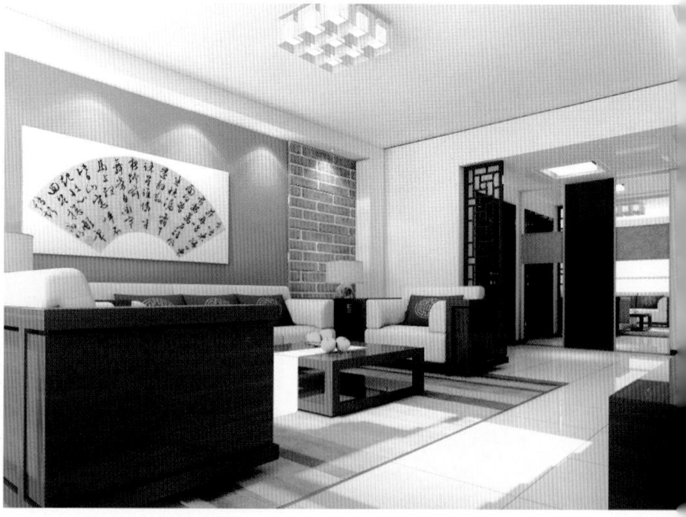

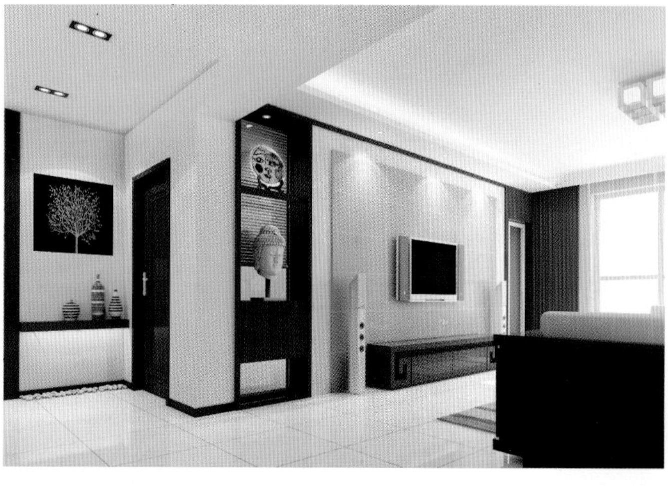

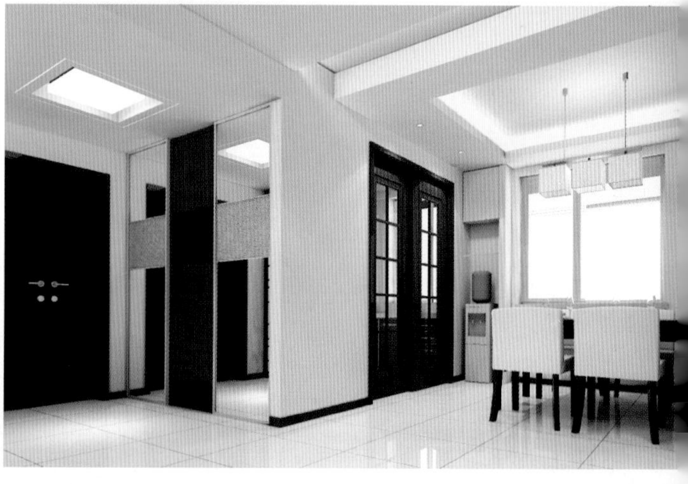

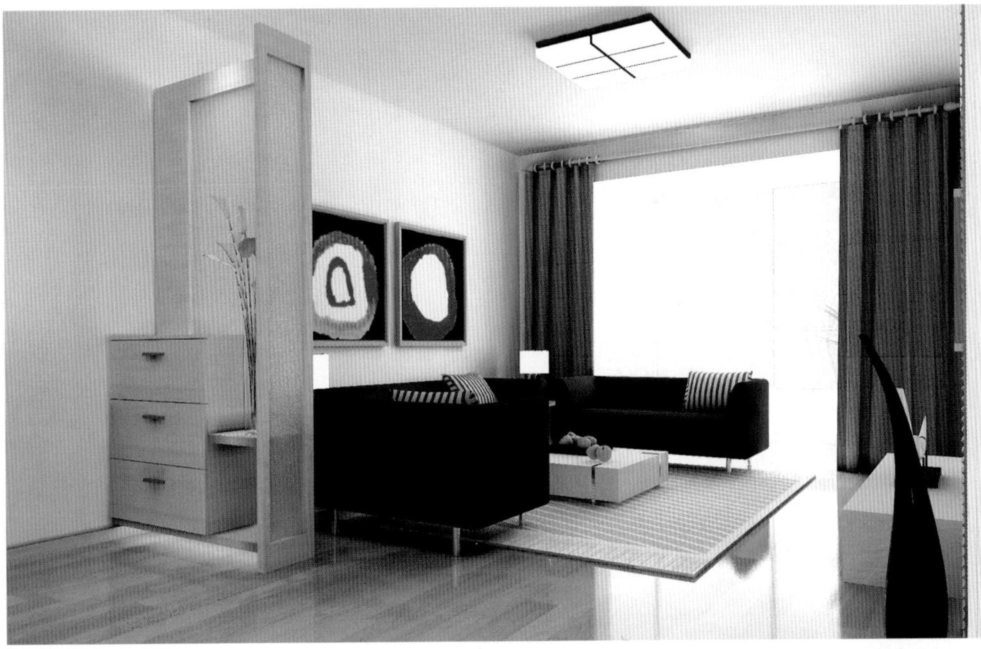

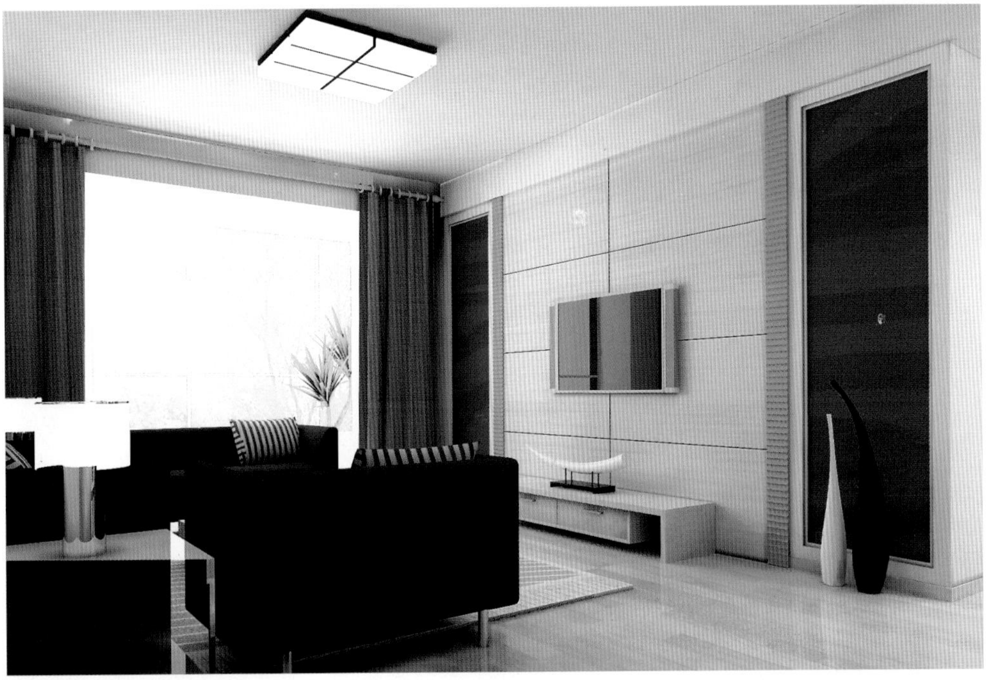

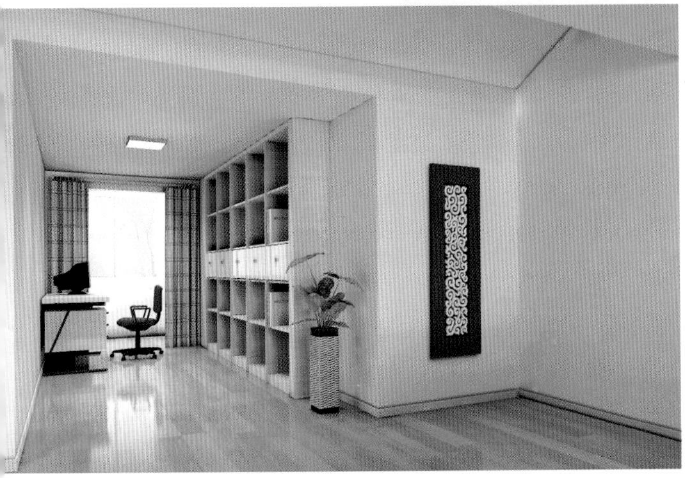

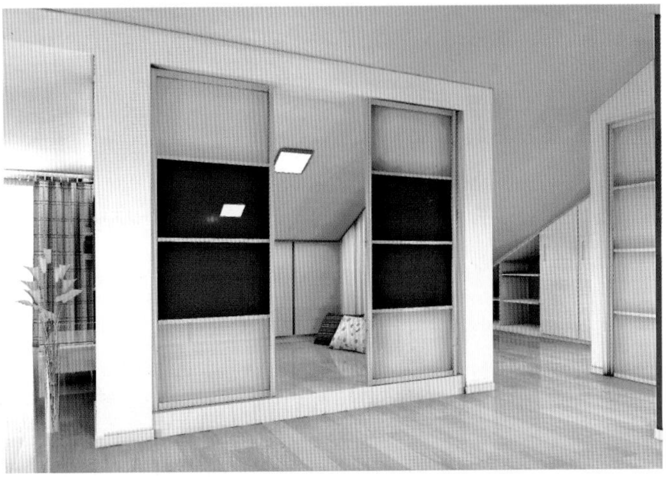

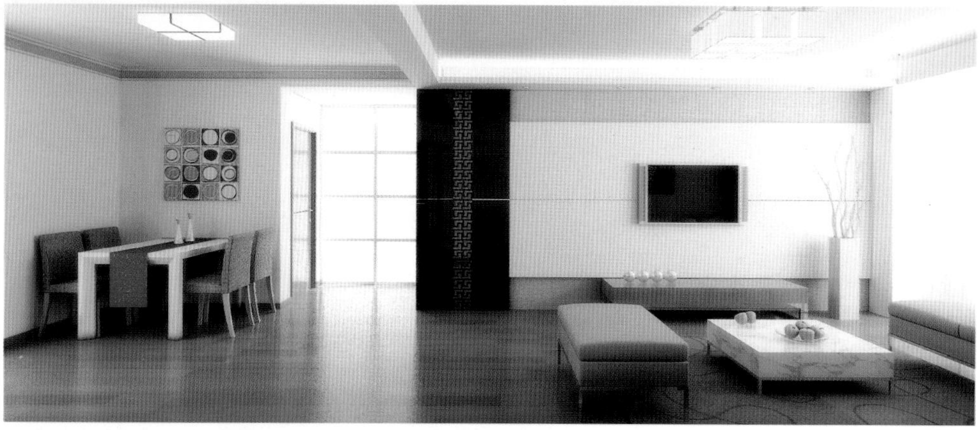

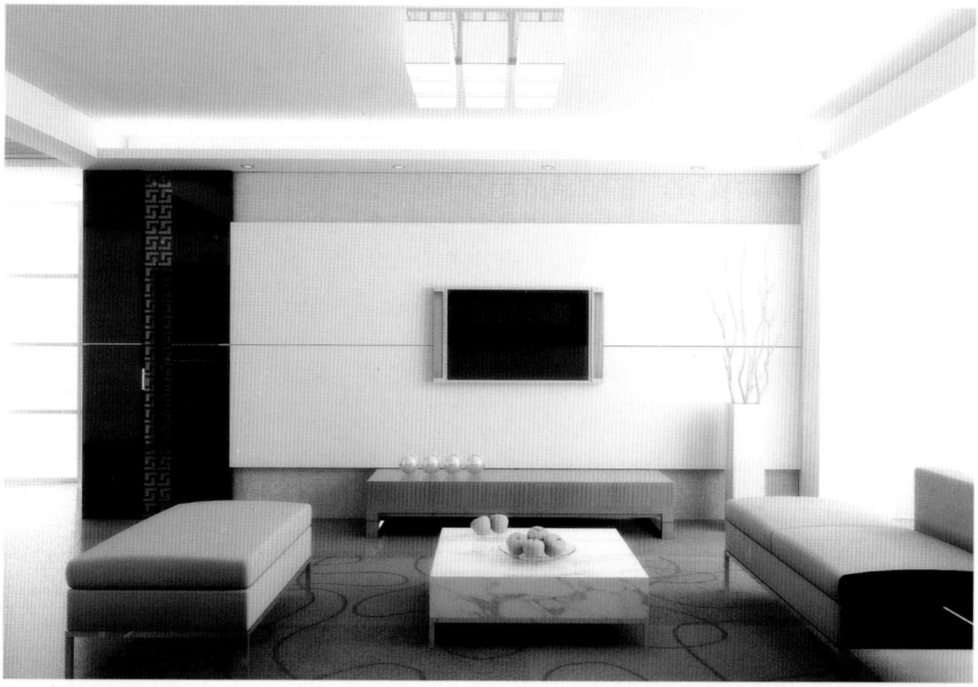

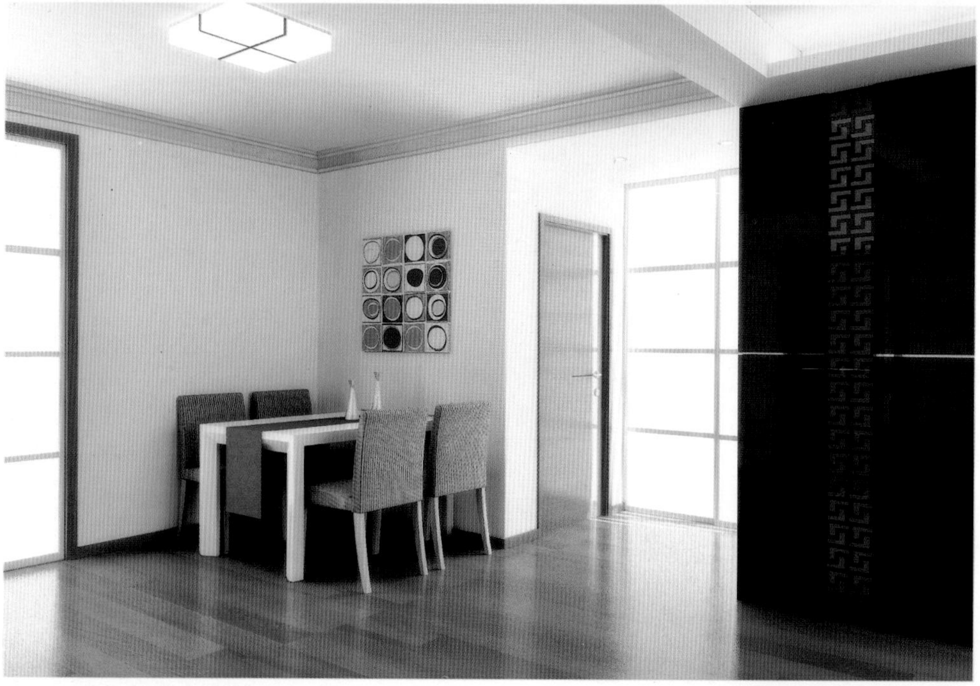

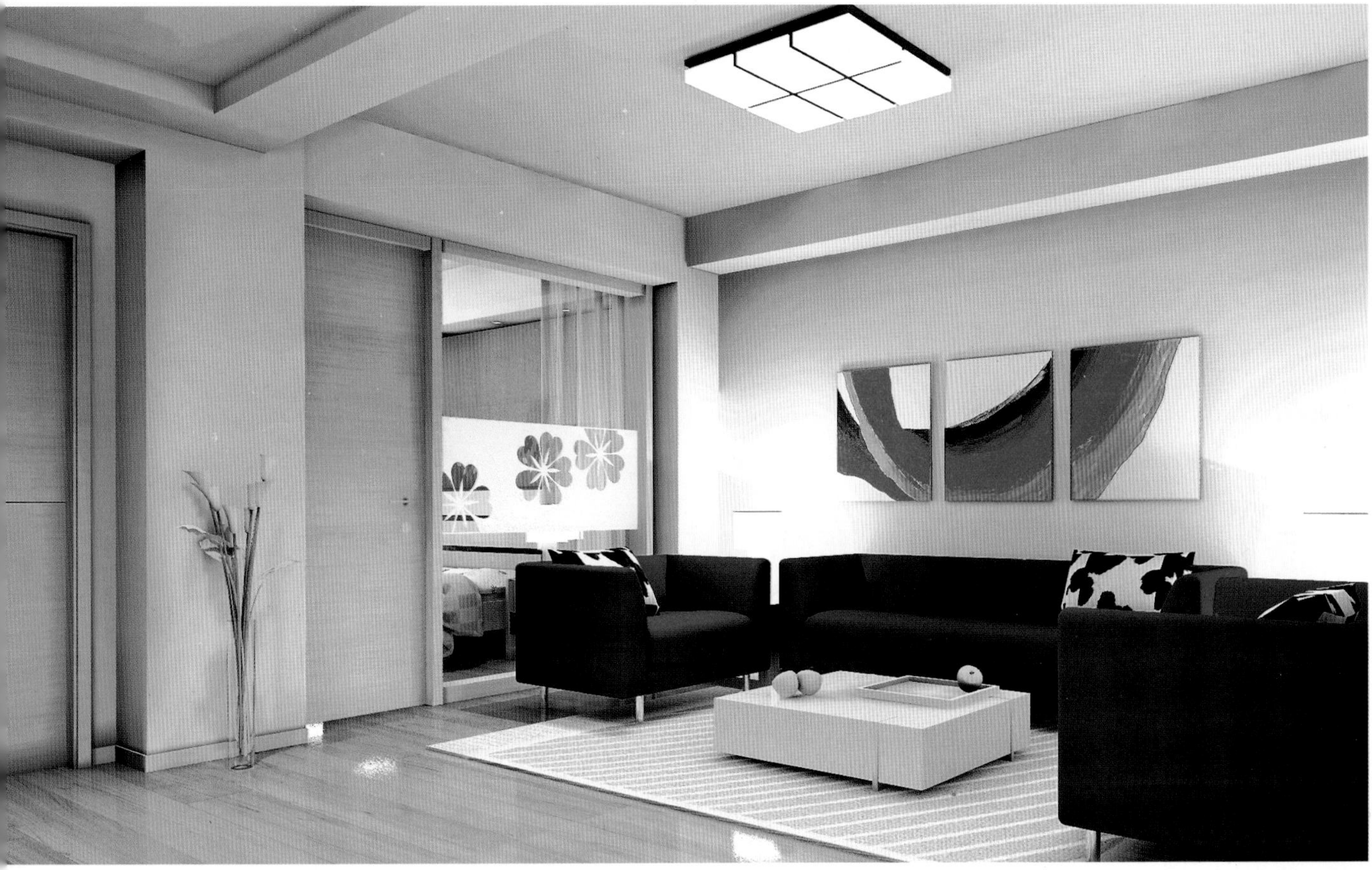

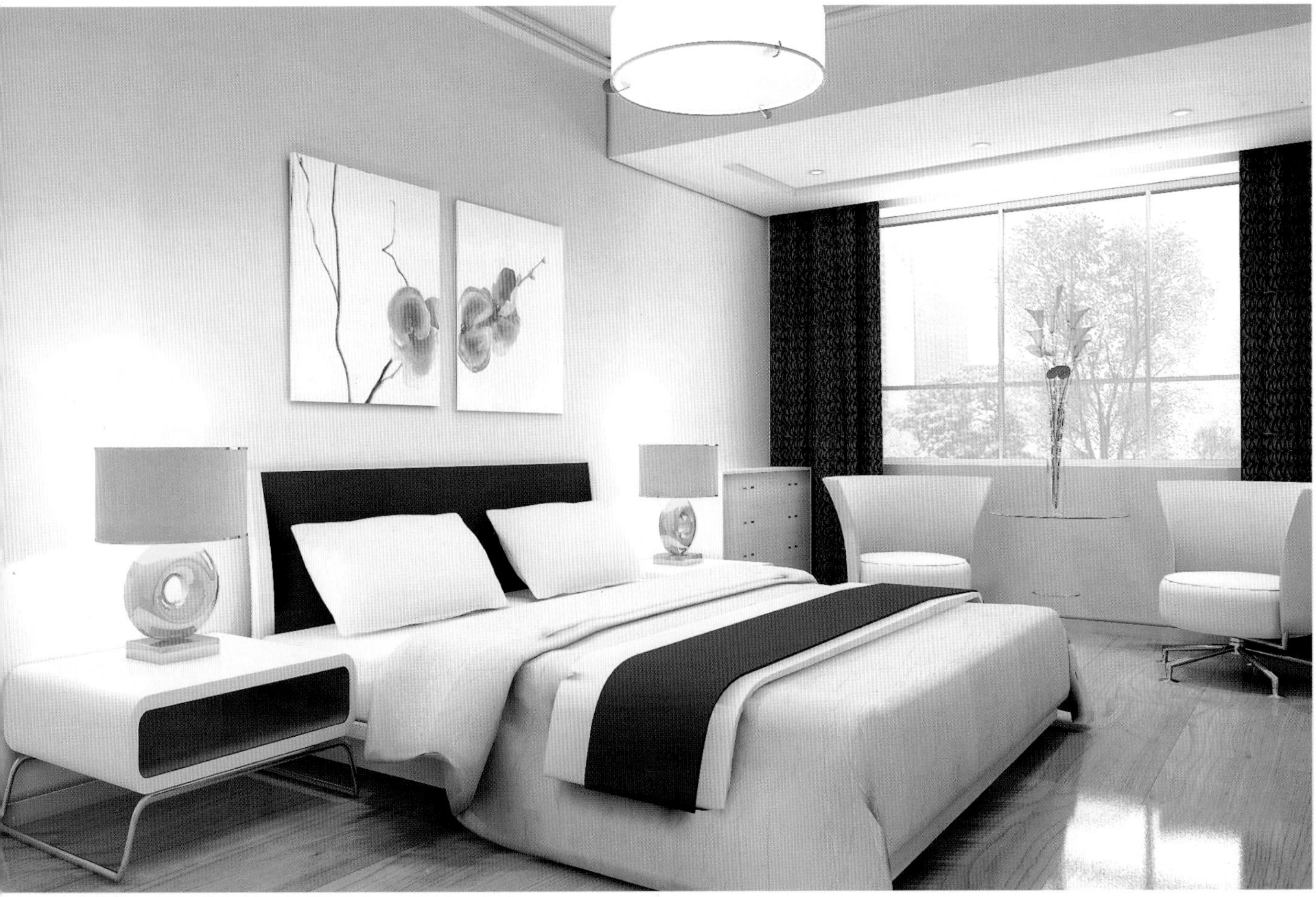

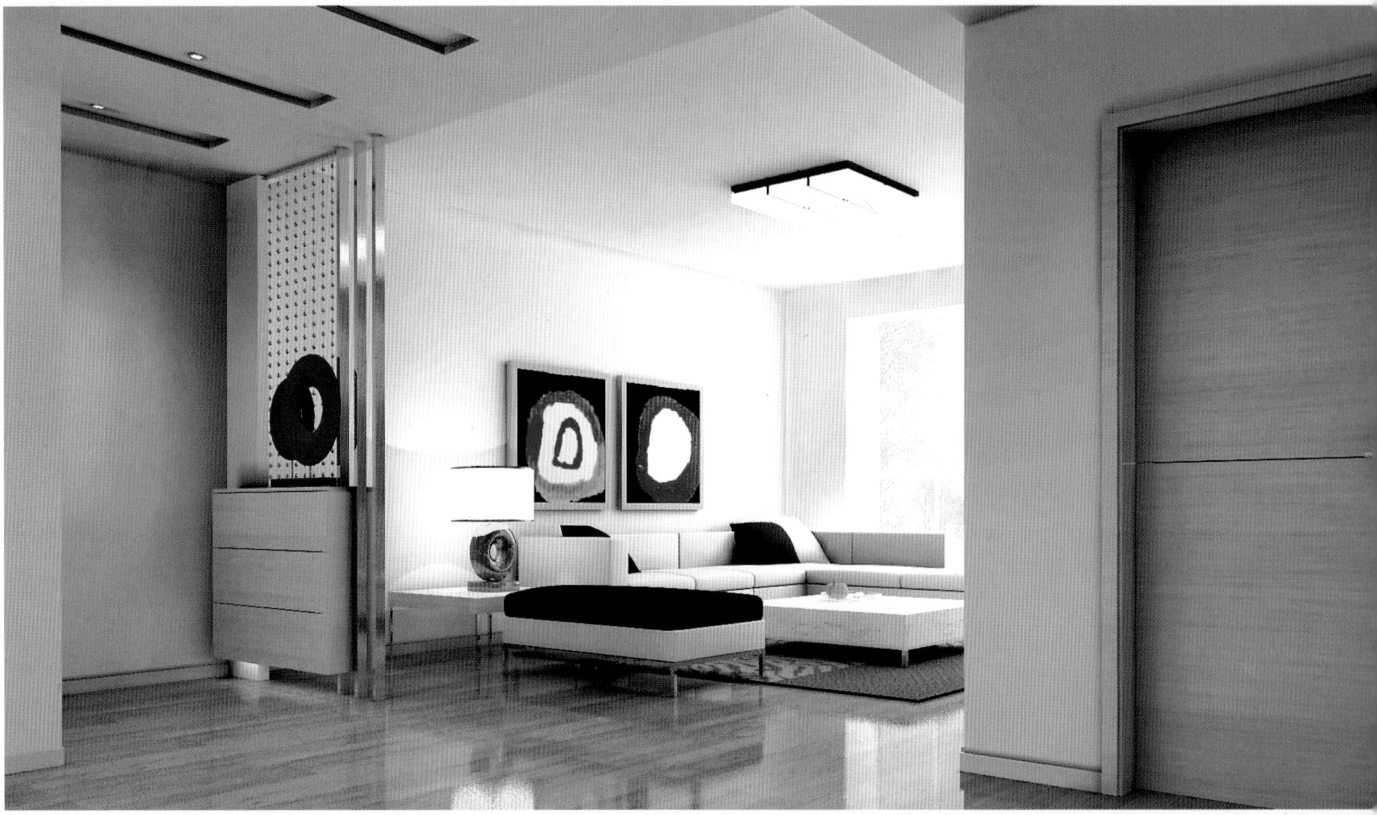

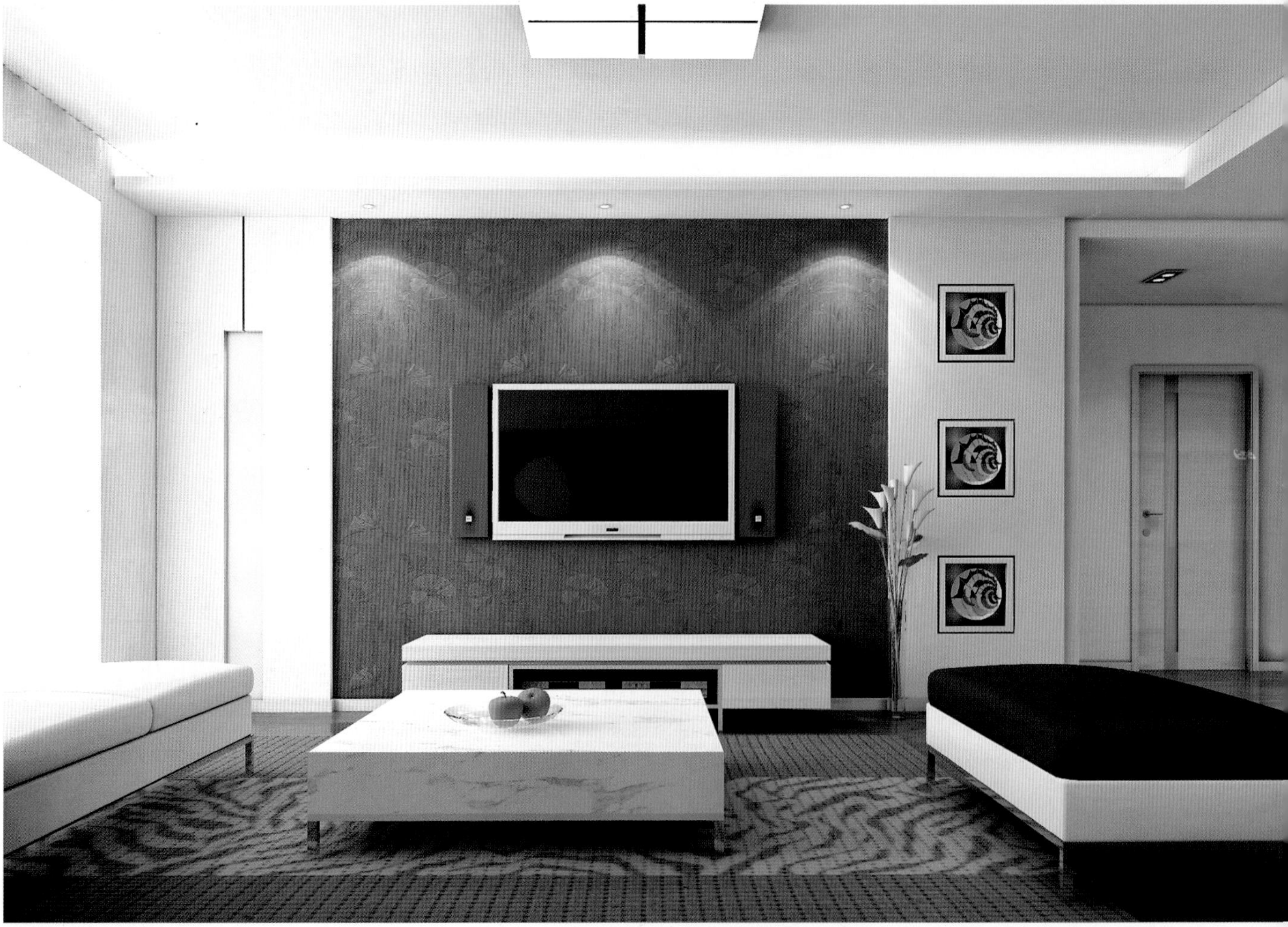

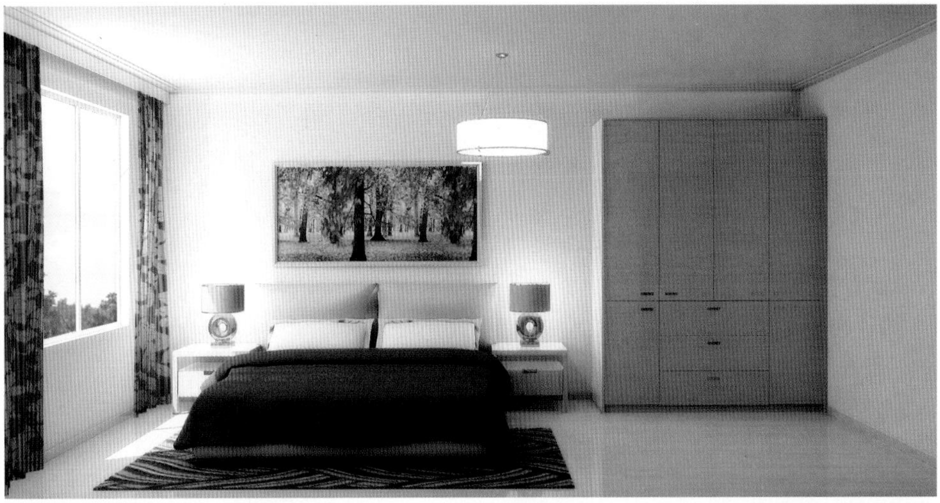

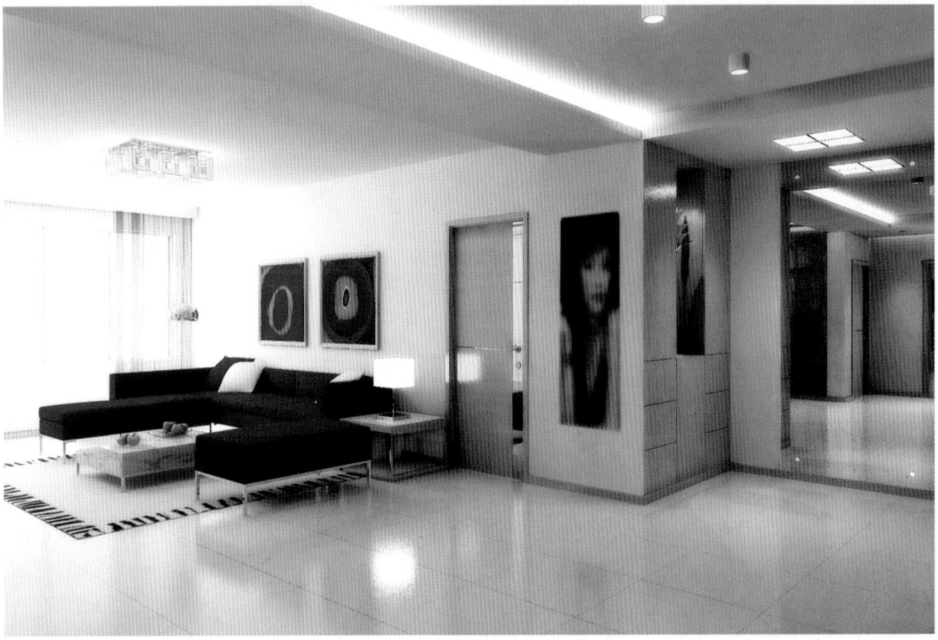

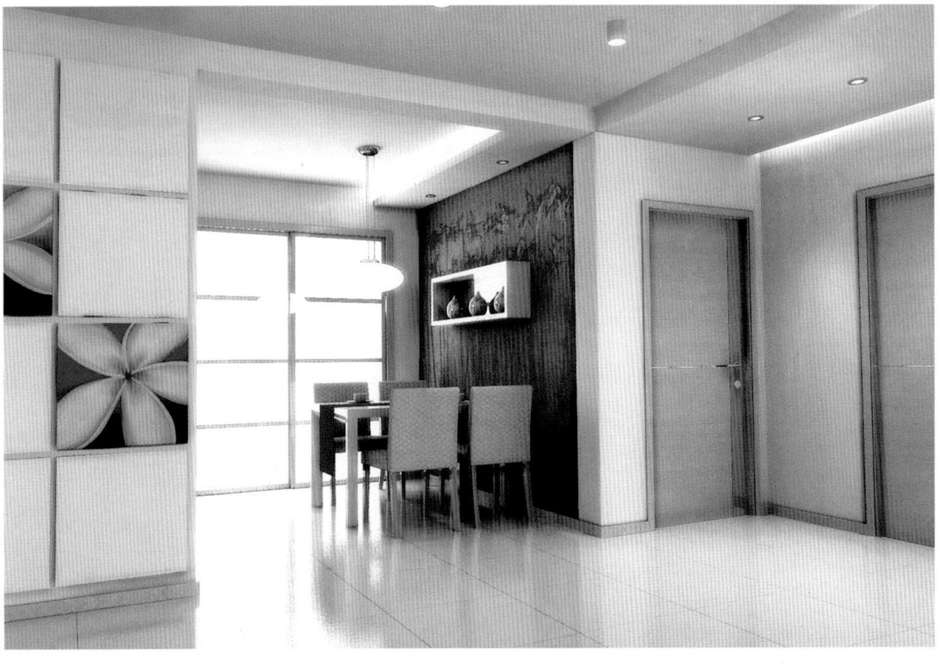

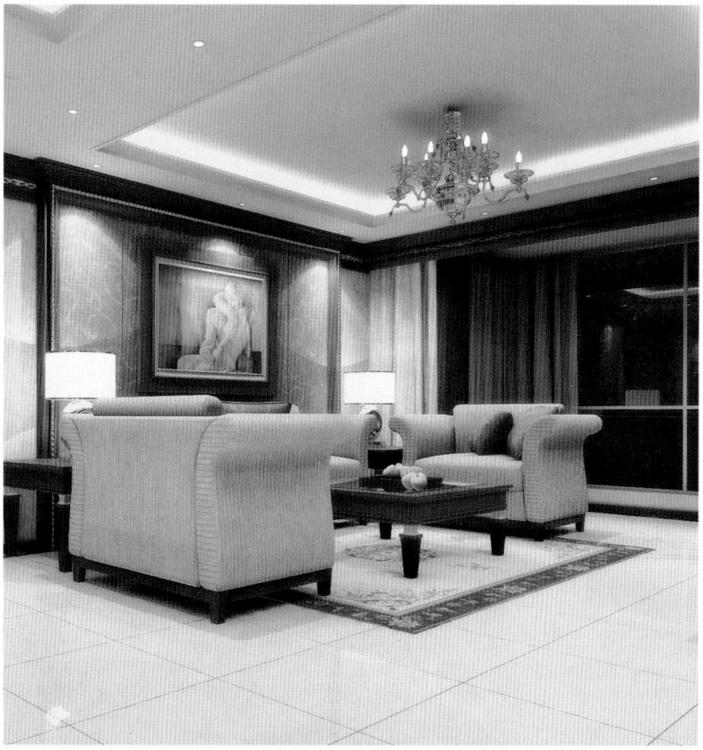

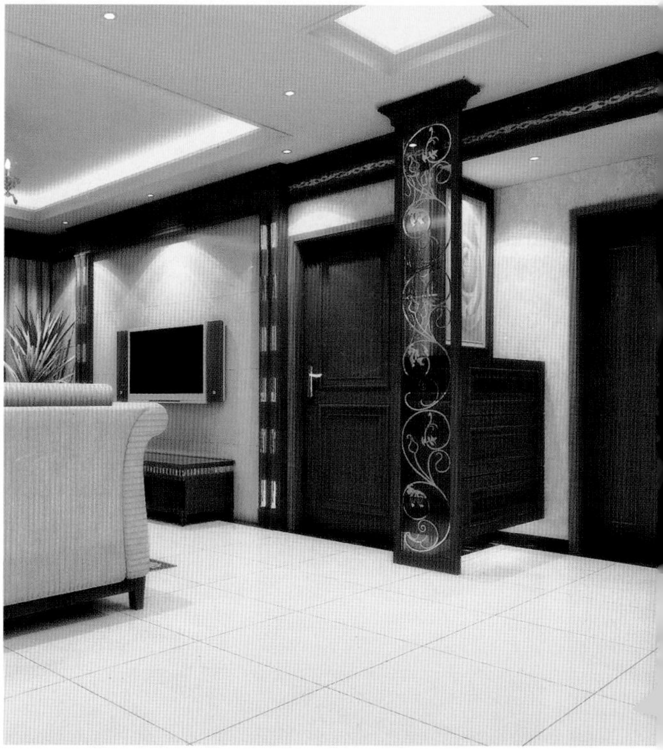

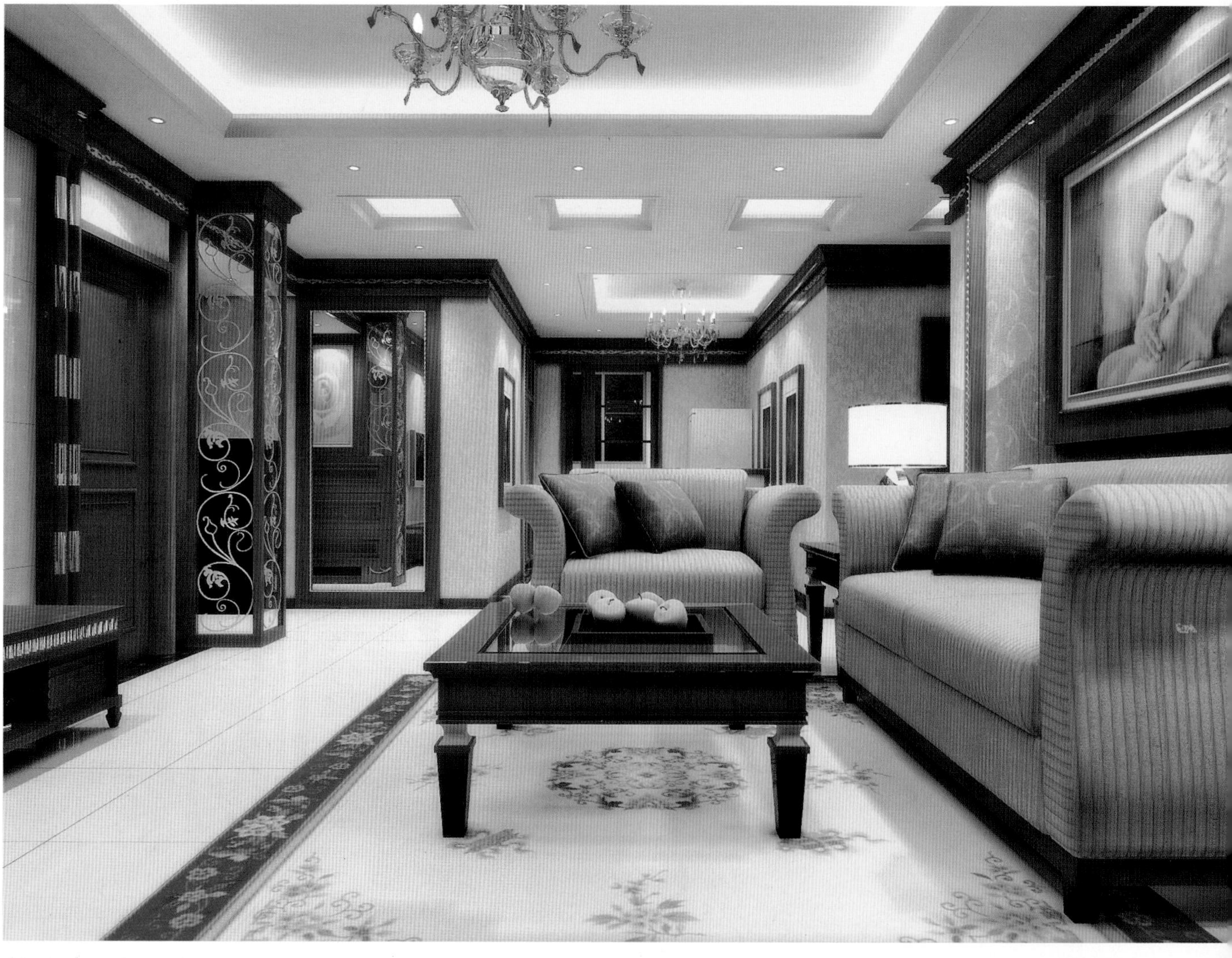

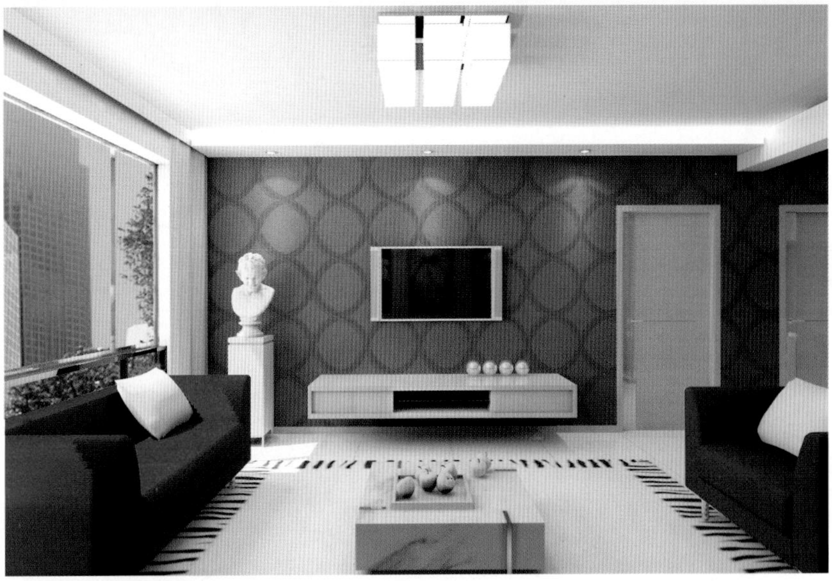

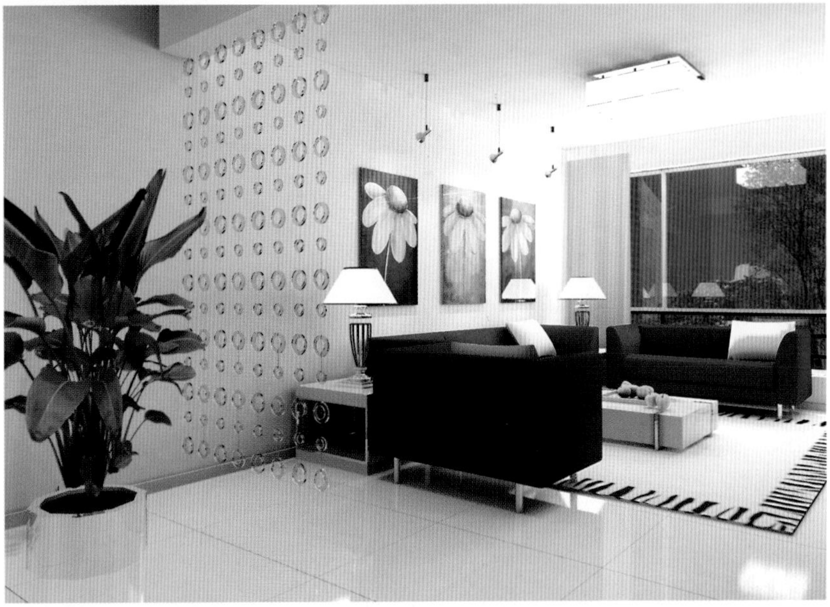

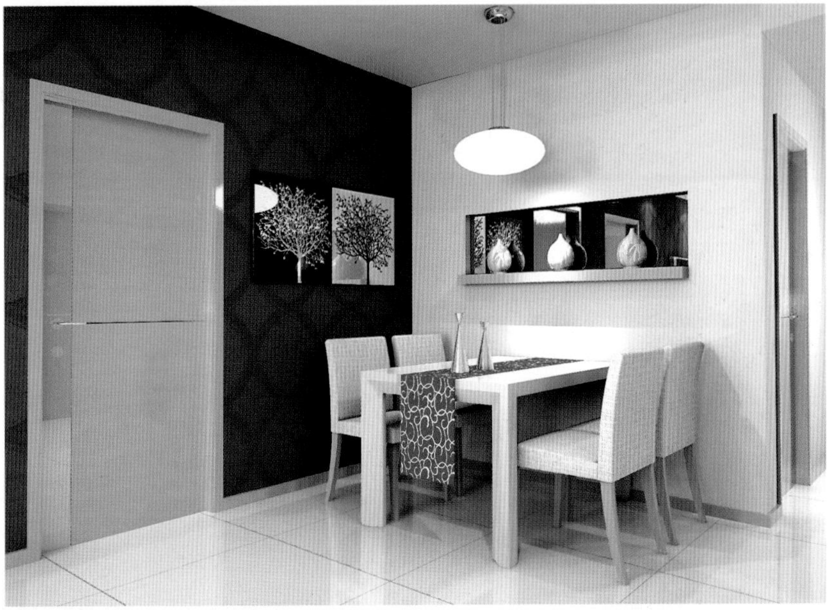

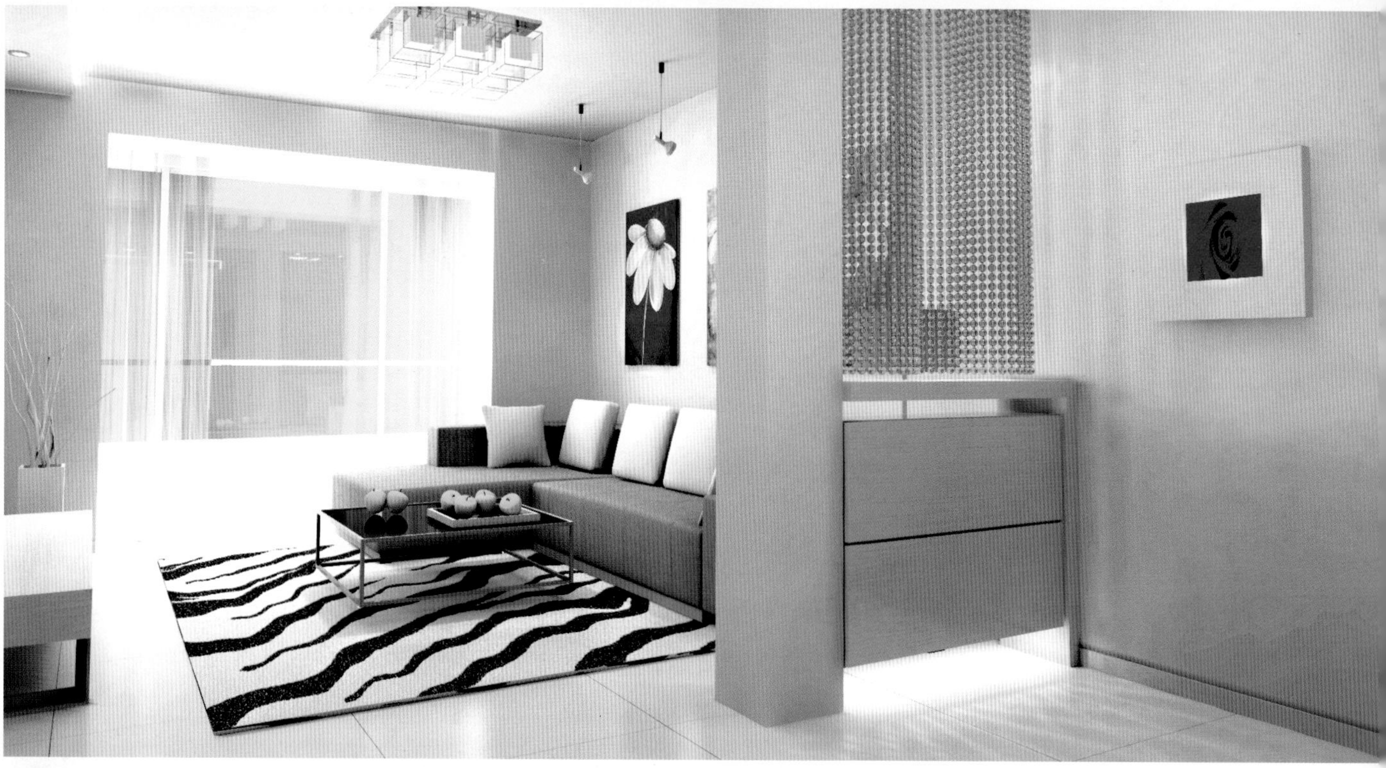

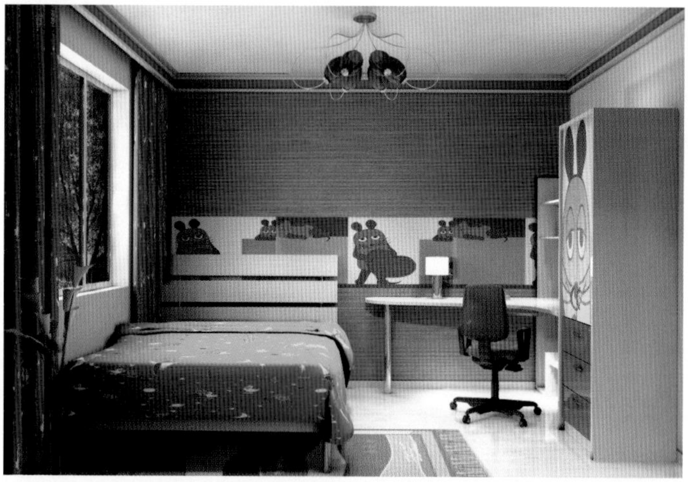

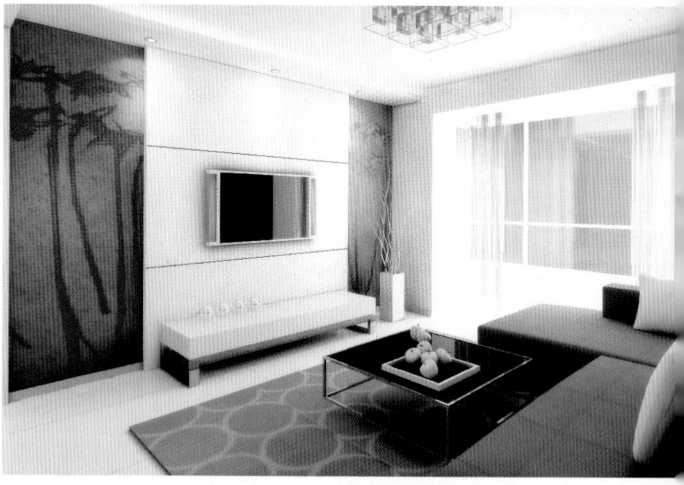

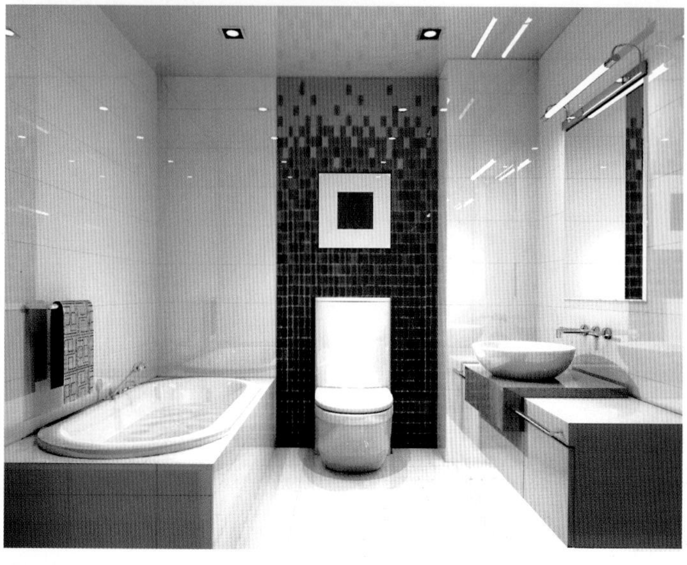

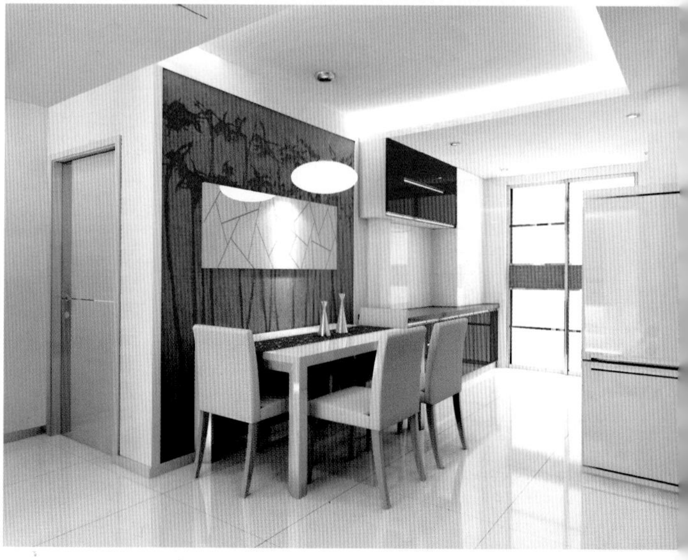

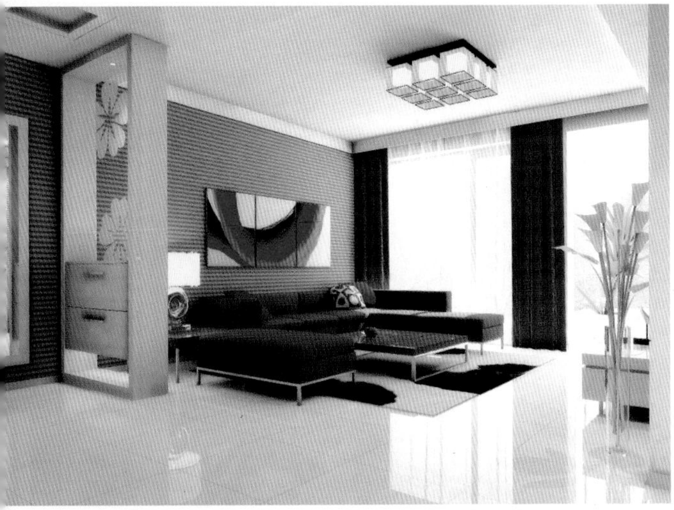
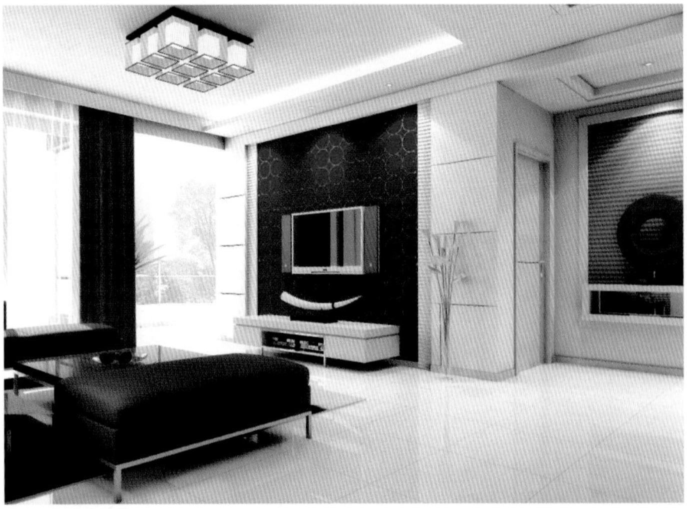
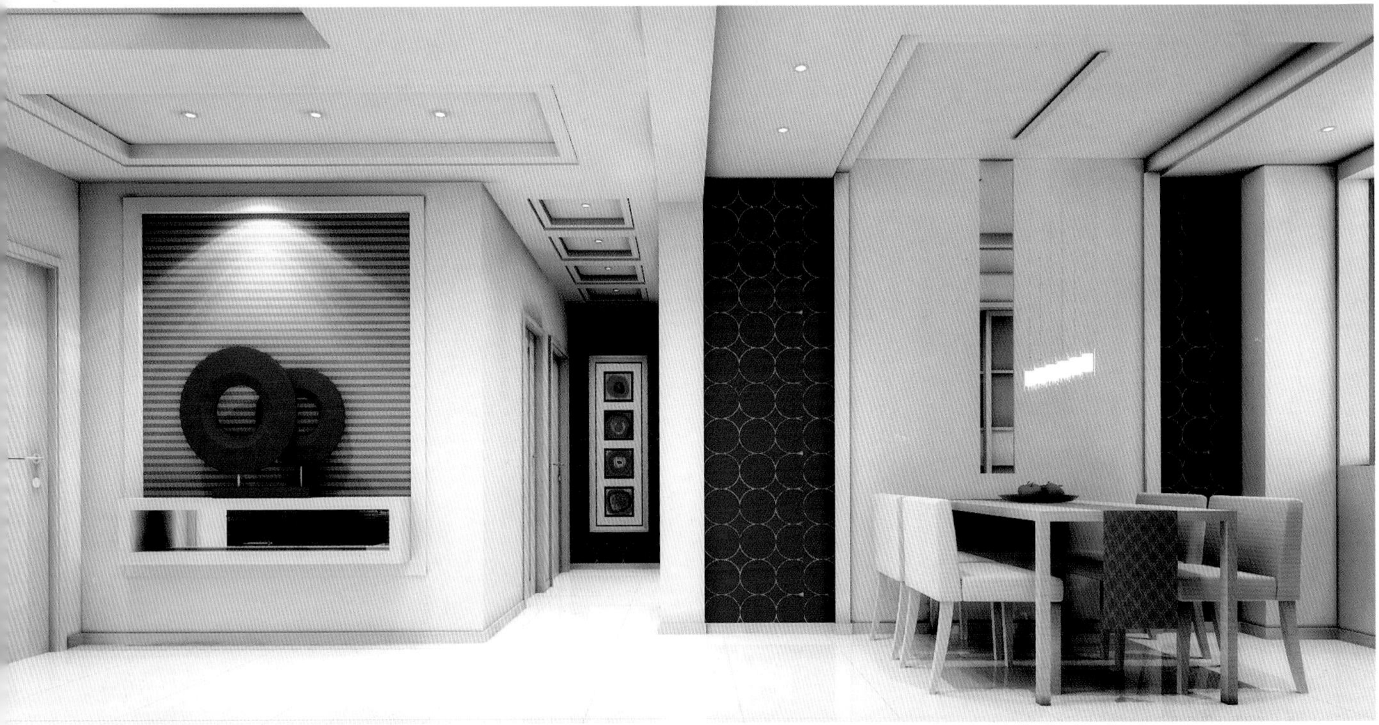
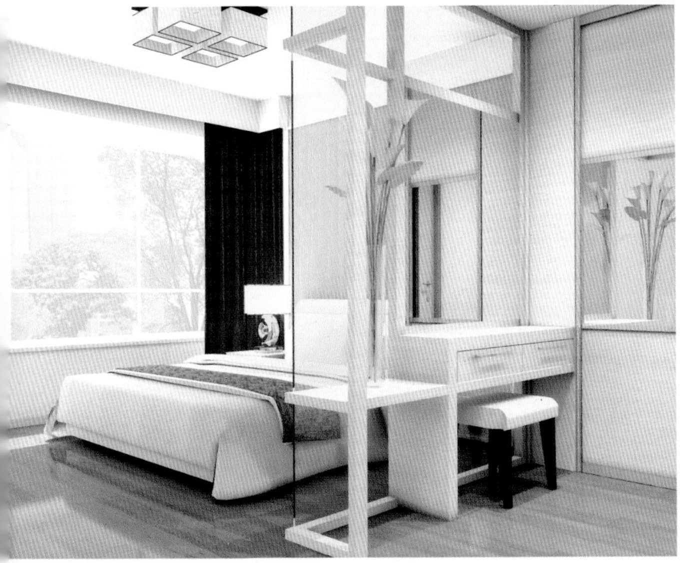
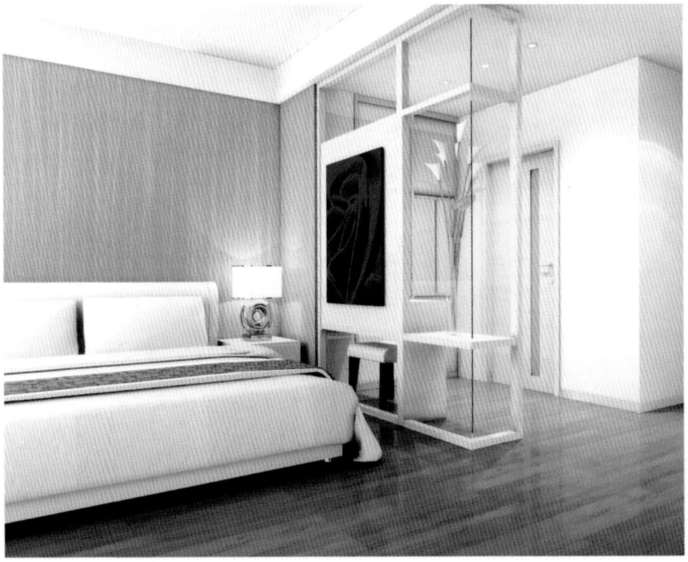

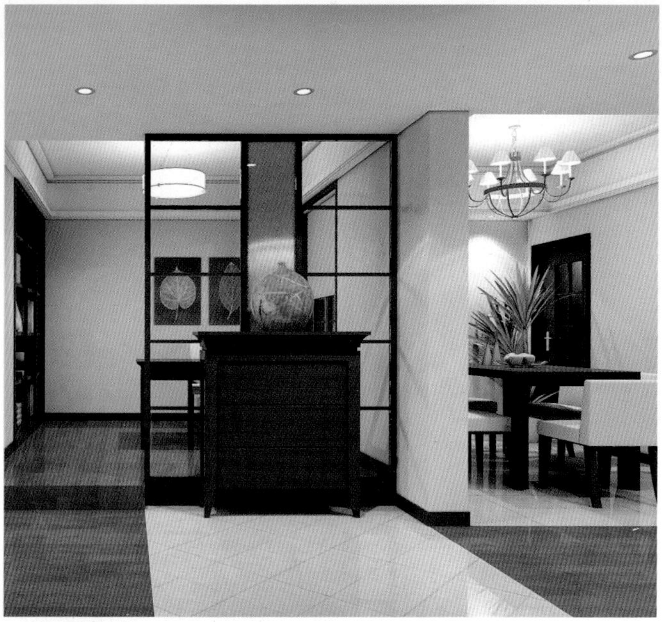

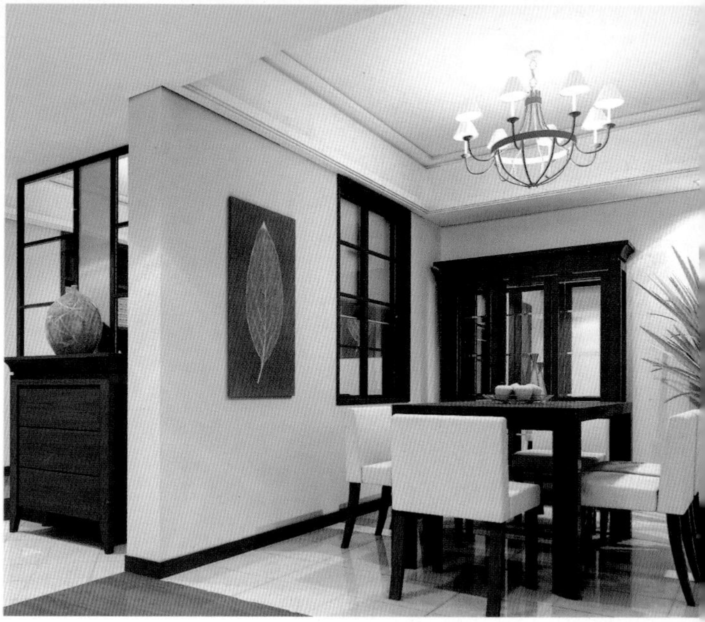

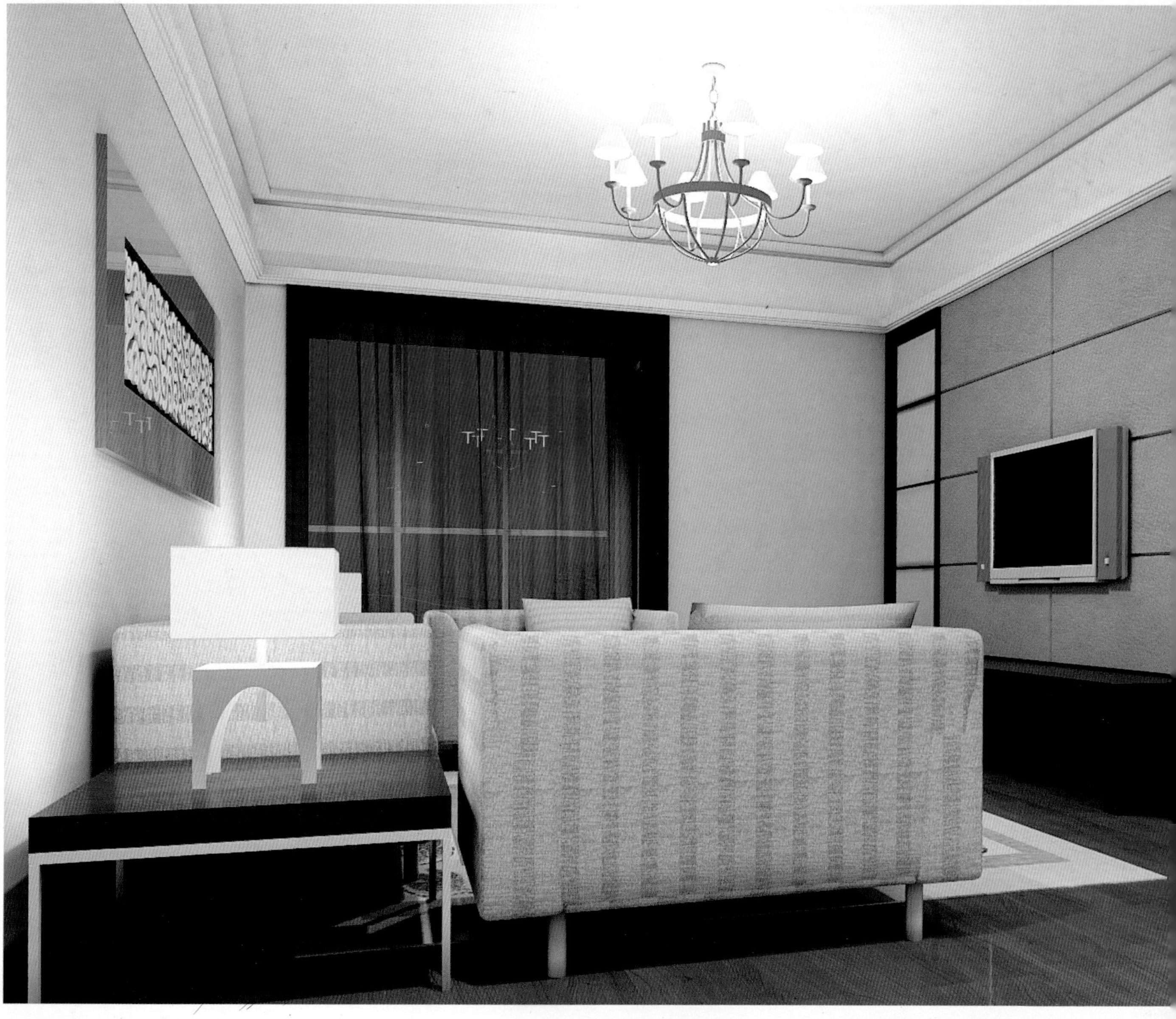